高职高专系列教材

建筑工程测量

傅为华　陈小平　主　编

姚金伟　杜丽丽　王文亮　副主编

中国建筑工业出版社

图书在版编目（CIP）数据

建筑工程测量 / 傅为华，陈小平主编；姚金伟，杜
丽丽，王文亮副主编 . —北京：中国建筑工业出版社，
2022.6（2025.2重印）
高职高专系列教材
ISBN 978-7-112-27187-0

Ⅰ.①建…　Ⅱ.①傅…②陈…③姚…④杜…⑤王
…Ⅲ.①建筑测量—高等职业教育—教材　Ⅳ.①TU198

中国版本图书馆 CIP 数据核字（2022）第 040704 号

本教材主要内容包括测量工作基础知识、测量基本工作、小地区控制测量、施工测量、建筑物施工测量、大比例尺地形图及其应用 6 个项目。涉及 19 个学习任务，并罗列了 15 个子任务，布置了 22 个实训任务，并配有教学 PPT 和教学视频资源，为新形态教材。本教材内容图文并茂、易于自学、重在培养学生获得完成项目所需知识的能力，同时每个项目均设置了课后习题，题型丰富、重点突出。本教材可作为高等学校、高职高专院校等土建类相关专业的课程教材，也可作为相关技术人员的参考用书。

为了便于教学，作者特别只做了配套课件，任课教师可以通过如下途径申请：

1. 邮箱 jckj@cabp.com.cn，12220278@qq.com

2. 电话：（010）58337285

3. 建工书院 http：//edu.cabplink.com

责任编辑：吕　娜
责任校对：李欣慰

高职高专系列教材
建筑工程测量
傅为华　陈小平　主　编
姚金伟　杜丽丽　王文亮　副主编
＊
中国建筑工业出版社出版、发行（北京海淀三里河路 9 号）
各地新华书店、建筑书店经销
北京雅盈中佳图文设计公司制版
建工社（河北）印刷有限公司印刷
＊
开本：787 毫米 ×1092 毫米　1/16　印张：$13^{3}/_{4}$　字数：267 千字
2022 年 9 月第一版　2025 年 2 月第二次印刷
定价：**48.00** 元（赠教师课件）
ISBN 978-7-112-27187-0
　　（38744）

前　言

本书依据"立足岗位、夯实基础、强化应用"的教学原则，校企合作并结合高职教育教学特点编写而成。

本书结合项目课程的教学特点，在遵循知识逻辑下以工程建设测量员岗位任务分析为基础，以项目课程的要求进行各任务的内容设计和项目规划；以岗位工作过程及实践应用为主体，突出从业人员职业能力训练来组织内容。同时，全书内容在理论知识中含有实训环节内容，形成以典型工作任务设计为主的从低到高、从基础到综合、从综合到工程前沿、从接受知识型到培养综合能力型的逐级提高的测量实训教学体系。

全书主要内容包括测量工作基础知识、测量基本工作、小地区控制测量、施工测量、建筑物施工测量、大比例尺地形图及其应用 6 个项目，涉及 19 个学习任务，并罗列了 15 个子任务，布置了 22 个实训任务。教材开发有配套教学视频和在线课程平台，为新形态教材，内容图文并茂，易于自学，重在培养学生获得完成项目所需知识的能力。同时每个项目均设置了项目习题，题型丰富，重点突出。本书可作为高职高专院校土建类专业的课程教材，也可作为相关技术人员的参考用书。

本书由义乌工商职业技术学院傅为华、陈小平担任主编，由浙江工商技术学院姚金伟、浙江长征职业技术学院杜丽丽、金华职业技术学院王文亮担任副主编，具体编写分工如下：

傅为华编写了项目 1、项目 4 和项目 5，陈小平编写了项目 2 和习题部分，姚金伟编写了项目 3，杜丽丽编写了项目 6，王文亮编写了实训部分。全书由傅为华统稿、定稿。

全书技术上遵循了《工程测量标准》GB 50026—2020 的规定，参考了众多同行专家论著，借鉴了互联网 + 课程资源的教学形态，在编写过程中得到浙江大学赵良荣教授的指导，得到义乌市勘测设计研究院楼亨庞高工、义乌国信房地产估价勘测咨询有限公司张冰高工和技术人员的大力支持，在此一并表示衷心的感谢。

由于编者水平有限，书中难免存在不足和不妥之处，恭请读者批评指正。

2022 年 3 月

目　录

教学计划参考示例

项目 1
测量工作基础知识

教学目标

学习目标

能正确理解测量工作的实质，认识建筑工程测量地位及其基本技能要求，掌握测量工作各项基础知识。

功能目标

（1）能正确认识测量学概念和建筑工程测量的内容。

（2）会区分测量工作任务的不同内容，了解测量工作的基准面和基准线。

（3）能理解各种测量坐标系的内容和用途。

（4）能绘制高程系统图，正确区分高程、高差及两者关系。

（5）能正确理解测量工作基本原则。

（6）正确理解衡量精度标准的各种误差，掌握误差传播定律。

 ## 工作任务

掌握测量基础知识，学习测量实训注意事项，观看测量图片和影像资料。

1-1　初识建筑工程测量

任务 1.1 测量学与建筑工程测量

1. 测量学及其分类

测量学是研究地球的形状和大小以及确定地面点位的科学，是对地球表面和空间中的各种自然和人造物体与地理空间分布有关的信息进行采集处理、管理、更新和利用的科学和技术。其实质是确定空间点的位置及其属性关系。测量学的任务包括测定和测设。测定是指使用测量仪器和工具，通过测量和计算，得到一系列测量数据，或把地球表面的地形缩绘成地形图，供经济建设、规划设计、科学研究和国防建设使用。测设是指把图纸上规划设计好的建筑物、构筑物的位置在地面上标定出来，作为施工的依据。

测量学按照研究范围和对象的不同，可分为如下几个分支学科：

（1）普通测量学：不顾及地球曲率的影响，研究小范围地球表面形状的测绘工作的学科。

（2）大地测量学：研究整个地球的形状和大小，解决大地区控制测量、地壳变形以及地球重力场变化和问题的学科。

（3）工程测量学：工程测量学是研究工程建设和自然资源开发中，在规划、勘测设计、施工放样、竣工验收和工程监测保养等各阶段进行的控制测量、地形测绘和施工放样、设备安装、变形监测的理论、技术和方法的学科。由于建设工程的不同，工程测量又可分为建筑工程测量、市政工程测量、矿山测量、水利工程测量、桥梁与隧道测量、精密工程测量等。

（4）摄影测量与遥感学：研究利用摄影或遥感的手段来测定目标物的形状、大小和空间位置，判断其性质和相互关系的理论技术的学科。

（5）海洋测量学：研究以海洋和陆地水域为对象所进行的测量和制图工作的学科。

（6）制图学：利用测量所得的成果资料，研究如何投影编绘成各种地图，以及地图制作的理论、工艺技术和应用等方面的测绘学科。

在国民经济和社会发展规划中，测绘信息是重要的基础信息之一，如各种规划及地籍管理中要有地形图和地籍图。在各项工程建设中，从勘测设计阶段到施工、竣工阶段，需要进行大量的测绘工作。在国防建设中，军事测量和军用地图是现代大规模的诸兵种协同作战不可缺少的重要保障。至于远程导弹、空间武器、人造卫星和航天器的发射，要保证它精确入轨，随时校正轨道和命中目标，除了应算出发射点和目标点的精确坐标、方位、距离外，还必须掌握地球的形状、大小的精确数据和有关地域

的重力场资料。在科学试验方面，诸如空间科学技术的研究、地壳的变形、地震预报、灾情监测、海底资源探测、大坝变形监测、加速器和核电站运营的监测等，以及地极周期性运动的研究，无一不需要测绘工作紧密配合和提供空间信息。

人类社会在远古时代，就已将测量工作用于实际。20世纪中叶，新的科学技术得到了快速发展，特别是电子学、信息学、电子计算机科学和空间科学等在其自身发展的同时，给测量科学的发展开拓了广阔的道路，推动着测量技术和仪器的变革和进步。以"3S"技术为代表的高精尖技术快速发展，3S技术是遥感技术（Remote Sensing，RS）、地理信息系统（Geography Information System，GIS）和全球定位系统（Global Positioning Systems，GPS）的统称，是空间技术、传感器技术、卫星定位与导航技术和计算机技术、通信技术相结合，多学科高度集成地对空间信息进行采集、处理、管理、分析、表达、传播和应用的现代信息技术。其中，中国北斗卫星导航系统（BeiDou Navigation Satellite System，BDS）是中国自行研制的全球卫星导航系统。是继美国全球定位系统（GPS）、俄罗斯格洛纳斯卫星导航系统（GLONASS）之后第三个成熟的卫星导航系统。北斗卫星导航系统（BDS）和美国GPS、俄罗斯GLONASS、欧盟GALILEO，是联合国卫星导航委员会已认定的供应商。GPS、GIS技术将紧密结合工程项目，在勘测、设计、施工管理一体化方面发挥重大作用。

我国测绘科学的发展从中华人民共和国成立后才进入了一个崭新的阶段。在测绘工作方面，建立和统一了全国坐标系统和高程系统，建立了全国的大地控制网、国家水准网、基本重力网，完成了大地网和水准网的整体平差；完成了国家基本地形图的测绘工作；在测绘仪器制造方面从无到有，发展迅速，我国全站仪已经批量生产，国产GPS接收机已广泛使用，传统的测绘仪器产品已经配套下线。已建成全国GPS大地控制网。各部门对地理信息系统（GIS）的建立和应用十分重视，已经着手建立各行业的GIS系统，测绘工作已经为建立这一系统提供了大量的基础数据。

2.初识建筑工程测量

建筑工程测量是工程测量学的分支学科，是研究建筑工程在规划设计、施工建设和运营管理阶段所进行的各类测量工作的理论、技术和方法的学科。它应用测量学中的基本理论和知识，利用测量仪器和工具帮助解决建筑工程在勘测、设计、施工、运营管理等各个阶段建筑物空间位置准确定位的问题。其主要任务包括：

（1）在规划设计阶段提供地形资料。

（2）在施工阶段按照设计要求在实地准确地标定建筑物各部分的平面位置和高程，作为施工与安装的依据。

（3）在竣工后的运营管理阶段，测量工作包括竣工测量以及监视工程安全状况的变形观测与维修养护等测量工作。

3. 建筑工程测量人员所应具备的基本技能

（1）熟悉建筑工程测量相关的基本理论、基本计算。

（2）掌握常规测量仪器及工具的使用方法。

（3）了解并掌握小地区控制测量内业、外业工作，熟悉大比例地形图测绘的基本方法并掌握地形图应用的方法。

（4）了解建筑工程施工一般流程，熟悉建筑工程施工测量的基本理论和方法。

（5）具备从事一般土建施工的基本岗位素质，熟悉各类工程图纸，具有责任心、团队意识。

任务 1.2　地面点位的确定

1-2　测量基础知识

当地面点平面坐标和高程都确定后，它的空间位置就可以确定了。因而，测量工作的实质就是确定地面点的平面位置和高程。在测量中，一般用某点在基准面上的投影位置 (x, y) 和该点离基准表面的高度 (H) 来表示。

1. 测量基准面与基准线

地球的自然表面是很不规则的，我们可以设想将一静止的海洋面扩展延伸，使其穿过大陆和岛屿，形成一个封闭的曲面，这一静止的闭合海水面称作水准面，如图 1-1（a）所示。由于海水受潮汐风浪等影响而时高时低，故水准面有无穷多个，其中与平均海水面相吻合的水准面称作大地水准面，它是测量工作的基准面。由大地水准面所包围的形体称为大地体。通常用大地体来代表地球的真实形状和大小。地球上任一点都同时受到离心力和地球引力的作用，这两个力的合力称为重力，重力的方向线称为铅垂线，它是测量工作的基准线。水准面的特点是水准面上任意一点的铅垂线都垂直于该点的曲面。

由于地球内部质量分布不均匀，致使地面上各点的铅垂线方向产生不规则变化，所以，大地水准面是一个不规则的无法用数学式表述的复杂曲面，在这样的面上是无法进行测量数据的计算及处理的。因此人们设想，用一个与大地体非常接近的又能用数学式表述的规则球体即旋转椭球体来代表大地体，如图 1-1（b）所示，这个旋转椭球体是

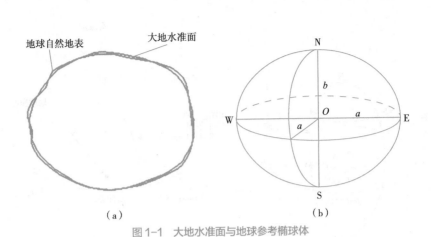

（a）　　　　　　　　　　　　　　（b）

图1-1　大地水准面与地球参考椭球体

（a）大地水准面；（b）参考椭球体

由椭圆 NSWE 绕其短轴 NS 旋转形成的椭球体。与某个区域、国家的大地水准面最为密合的椭球称为参考椭球，其椭球面称为参考椭球面，参考椭球面为测量计算基准面。

我国于 20 世纪 50 年代和 80 年代分别建立了 1954 年北京坐标系和 1980 年西安坐标系，测制了各种比例尺地形图，在国民经济、社会发展和科学研究中发挥了重要作用。我国的 1954 年北京坐标系采用的是克拉索夫斯基椭球，1980 国家大地坐标系采用的是 1975 国际椭球，而全球定位系统（GPS）采用的是 WGS-84 椭球。随着社会的进步，迫切需要采用原点位于地球质量中心的坐标系统（以下简称地心坐标系）作为国家大地坐标系。自 2008 年 7 月 1 日起，中国全面启用 2000 国家大地坐标系，国家测绘局授权组织实施。2000 国家大地坐标系是全球地心坐标系在我国的具体体现，其原点为包括海洋和大气的整个地球的质量中心。由于参考椭球的扁率很小，在小区域的普通测量中可将地（椭）球看作圆球。

2. 测量坐标系统

（1）大地坐标系

大地坐标系是大地测量中以参考椭球面为基准面建立起来的坐标系。地面点的位置用大地经度、大地纬度和大地高度表示，如图 1-2 所示。

1）地理坐标系。地理坐标系又可分为天文地理坐标系和大地地理坐标系两种。天文地理坐标又称天文坐标，表示地面点在大地水准面上的位置，它用天文经度 λ 和天文纬度 ϕ 两个参数来表示地面点在球面上的位置。大地地理坐标又称大地坐标，是表示地面点在参考椭球面上的位置，它用大地经度和大地纬度表示。

2）WGS-84 坐标系。它是美国于 1984 年公布的空间三维直角坐标系，为世界通用的世界大地坐标系，利用 GPS 卫星定位系统得到的地面点位置是地心空间三维直角

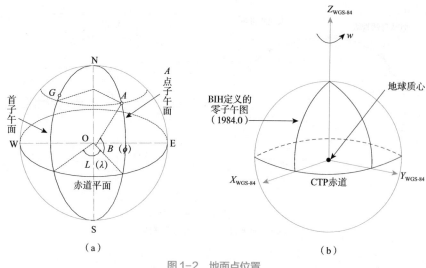

图 1-2 地面点位置
（a）地理坐标系；（b）WGS-84 坐标系

坐标，属于 WGS-84 坐标。我国 WGS-84 地心坐标系与国家大地坐标系、城市坐标系及土木工程中采用的独立平面直角坐标系之间存在相互转换关系。

（2）平面直角坐标系

1）高斯平面直角坐标系。当测区范围较大时，要建立平面坐标系，必须考虑地球曲率的影响，为了解决球面与平面这对矛盾，目前我国采用的是高斯投影，该投影解决了将椭球面转换为平面的问题。它是假设一个椭圆柱横套在地球椭球体外并与椭球面上的某一条子午线相切，这条相切的子午线称为中央子午线。将投影区域限制在中央子午线两侧一定的范围，投影带一般分为 6° 带和 3° 带两种。我国领土位于东经 72°~136° 之间，按 6° 投影带划分，为 13~23 带。

高斯平面直角坐标系是指通过高斯投影，将中央子午线的投影作为纵坐标轴，用 x 表示，将赤道的投影作为横坐标轴，用 y 表示，两轴的交点作为坐标原点，我国 1：500000~1：10000 地形图均采用该平面直角坐标系，从我国的位置可以看到，我国位于北半球，在该坐标系内，x 值均为正，而 y 值有正负，为避免 y 坐标出现负值，规定将 x 坐标轴向西平移 500km，即所有点的 y 值加上 500km，此外，为便于区别该点位于哪个投影带，还应在横坐标前冠以 6° 投影带代号，这样得到的坐标称为国家统一坐标。如 A 点位于 18 投影带，其高斯坐标为 $x=3395451m$，$y=-376543.211m$，它在 18 带中的国家统一坐标则为 $x=3395451m$，$y=18123456.789m$。

2）独立平面直角坐标系。当测区范围较小且相对独立时，可用测区中心点的水平面代替大地水准面。在此水平面内建立平面直角坐标系，如图 1-3 所示。地面点在此水平面的投影位置通过投影点的平面直角坐标来表示。通常以南北方向为纵轴，即 x 轴，x 轴向北为正，向南为负；以东西方向为横坐标轴，记作 y 轴，y 轴向东为正，向西为负；坐标象限按顺时针方向编号。为实用方便，坐标原点有时是假设的，原点设在测区的西南角，以避免坐标出现负值。测区内点用 (x, y) 来表示，如有必要可通过与国家坐标系联测而纳入统一坐标系，或称之为坐标换算。但若测区范围大时，不能将水准面看成水平面，必须采用适当的投影方法，建立全球统一的平面直角坐标系统。

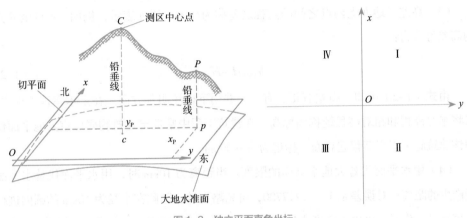

图1-3　独立平面直角坐标

3. 测量高程系统

（1）绝对高程。在一般的测量工作中都以大地水准面作为高程起算的基准面。因此，地面任一点沿铅垂线方向到大地水准面的距离就称为该点的绝对高程或海拔，简称高程，用 H 表示。如图1-4所示，H_A、H_B 分别表示地面上 A、B 两点的高程。

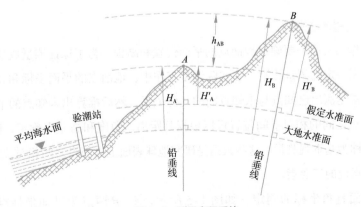

图1-4　测量高程系统

我国新的国家高程基准面是根据青岛验潮站验潮资料计算确定的，依此基准面建立的高程系统称为"1985 国家高程基准"，其高程为 72.260m。

（2）相对高程。在引入绝对高程有困难的局部地区，可采用假定高程系统，取任意假定一水准面作为高程起算面。地面任一点沿铅垂线方向到假定水准面的距离就称为该点的相对高程或假定高程。如图 1-4 中的 H'_A、H'_B 分别为地面上 A、B 两点的假定高程。在图 1-4 中可以看出：

$$h_{AB}=H_B-H_A=H'_B-H'_A \tag{1-1}$$

（3）高差。地面上两点之间的高程之差称为高差，用 h 表示，例如，A 点至 B 点的高差可写为：

$$h_{AB}=H_B-H_A \tag{1-2}$$

由式（1-2）可知，高差有正、有负，并用下标注明其方向。在土木建筑工程中，又将绝对高程和相对高程统称为标高。在建筑工程中常选定建筑物底层室内地平面作为该建筑施工工程高程起算面，标记为 ±0.000m。

（4）用水平面代替大地水准面的限度。当距离为 10km 时，用水平面代替水准面所产生的距离相对误差是 1 ： 1217700，可忽略不计。因此在半径为 10km 的圆内进行距离测量工作时，可以不必考虑地球曲率的影响。计算表明：一般在面积为 100km^2 范围内水平角度测量可不顾及地球曲率影响。而地球曲率的影响对高差而言，即使在很短的距离内也必须加以考虑。

任务 1.3　测量工作基本要求

1. 测量的基本工作

测量工作的实质是要确定地面点的平面位置和高程。为了保证测量成果的精度及质量，需遵循一定的测量原则，在实际测量工作中，地面点的平面坐标和高程都是间接测定。通常是测出已知点与未知点间的几何关系，然后推算出未知点的平面坐标和高程。点和点之间的相对空间位置可以根据其距离、角度和高差来确定，因此角度、距离和高差称为基本观测量。这些数据是研究地球表面上点与点之间相对位置的基础，即确定地面点位的三要素。

（1）平面直角坐标的测定。如图 1-5 所示，A、B 两点为已知坐标点，P 点为待定点。若要获得 P 点坐标，必须知道水平角 β 和 A、P 两点间的水平距离 D_{AP}。所以，确定地面点的平面直角坐标主要测量工作是测量水平角和水平距离。

（2）高程的测定。

由式（1-2）可知：　　　　　$H_B=H_A+h_{AB}$　　　（1-3）

从式（1-3）可看出，若 H_A 已知，只需测量出两点间高差 h_{AB}，就可间接求出 B 点高程 H_B。所以测定地面点高程的主要工作就是测定两点间的高差。

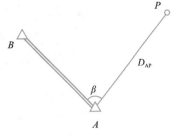

图1-5　平面直角坐标的测定

测量工作有些是在野外完成的，有些是在室内完成的。在野外利用测量仪器和工具测定地面上两点的水平距离、角度、高差，称为测量的外业工作。在室内将野外的测量成果进行数据处理、计算和绘图，称为测量的内业工作。测量的基本工作是角度观测、距离测量、高程测量。而测图、放样、用图是土木工程专业工程技术人员的基本功。

2. 测量工作的基本原则

（1）"从整体到局部""先控制后碎部""由高级到低级"。无论是测绘地形图还是建筑物的施工放样，在测量过程中，为了避免误差的积累，确保所测点位具有必要的精度，一般在整个测区或建筑场地内建立一定精度和密度的控制点并测定这些控制点的坐标和高程，然后根据这些控制点进行碎部测量（地形特征点测量）和建筑物细部点的测设。这一测量过程在程序上遵循"从整体到局部"，在工作步骤上遵循"先控制后碎部"，在精度上遵循"由高级到低级"。这一工作流程既可减少误差积累，同时也可在多个控制点上进行控制测量，加快工作进度。

（2）"步步检核"。为了避免测量成果错误，在测量工作中必须遵循"步步检核"这一工作原则，就是要求测量工作中做到"边工作、边检核"。一旦发现错误或精度不满足要求，必须查找原因或返工重测，确保测量工作各个环节数据可靠，计算无误。

3. 测量工作的基本任务

测量学的任务包括测定和测设，主要是测绘地形图和施工放样。

（1）测绘地形图。如图1-6所示，要在 A 点上测绘该测区所有的地物和地貌是不可能的。在 A 点只能测量附近的地物和地貌，对位于远处的地物和山背后的地貌就观测不到，因此需要在若干点上分区观测，最后才能拼成一幅完整的地形图。实际测量时，应在测区范围内选择若干个具有控制意义的点（A、B、C、D、E），称为控制点，用较严密的方法、较精密的仪器测定这些控制点的平面位置和高程，再根据控制点观测周围的地物和地貌。这样可以控制测量误差的大小和传递的范围，使整个测区的地形图精度均匀。

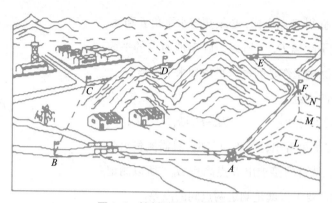

图1-6　控制测量和碎部测量

（2）施工放样。施工放样（又称施工测量）是指把图上设计的建筑物的位置在实地标定出来。如图1-7所示，在控制点 A、F 附近设计的建筑物 L、M、N（图中虚线），施工前需在实地定出它们的位置。根据控制点 A、F 上用仪器定出的水平角所指的方向，并沿这些方向量出水平距离 D1、D2，在实地定出 1、2 等点，这就是设计建筑物的实地位置。由于 A、B、……、E、F 是控制点，它们是一个整体，因此不论建筑物的范围多大，由各个控制点定出的建筑物的位置，必能联系成为一个整体。同样可以根据控制点的高程测设建筑物的设计高程。故施工放样同样需要按"从整体到局部"的测量原则。

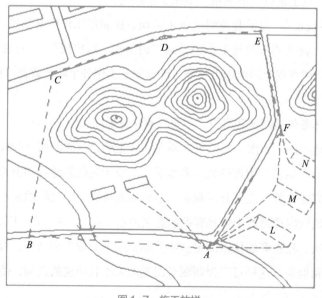

图1-7　施工放样

任务 1.4　测量误差的基本知识

不论采用何种方法、使用何种仪器进行测定或放样，都会给其成果带来误差。为了防止测量误差的逐渐传递而累积增大到不能容许的程度，要求测量工作遵循在精度上由"高级到低级"的原则。

1. 测量误差的概念和误差分类

（1）测量误差的概念

在实际的测量工作中发现：当对某个确定的量进行多次观测时，所得到的各个结果之间往往存在着一些差异，另外，当对若干个量进行观测时，已经知道在这几个量之间应该满足某一理论值，但实际观测结果往往不等于其理论上的应有值。例如，一个平面三角形的内角和等于180°，但三个实测内角的结果之和并不等于180°，而是有一些差异。这些差异称为不符值。像这些在同一条件下，对一观测量进行多次观测，各次测量结果间存在着差异，以及某些观测量间存在着某种确定的理论关系，但观测后所得观测结果却不满足理论上确定的关系等一些问题，就是我们常讲的观测误差。

（2）误差的来源

通常把观测者、仪器设备、环境三方面综合起来，称为观测条件。观测条件相同的各次观测称为等精度观测，观测条件不同的各次观测称为非等精度观测。产生测量误差的影响因素很多，其来源概括起来有以下三方面：

1）测量仪器设备。仪器本身的精度是有限的，不论精度多高的仪器，观测结果总是达不到真值。仪器在装配、使用的过程中，仪器部件老化、松动或装配不到位使得仪器存在着自身的误差。如水准尺刻划不均匀使得读数不准确；又如经纬仪的视准轴误差、横轴误差、竖盘指标差等都是仪器本身的误差。

2）观测者。人的感官上的局限性、操作技能等由于观测者自身的因素所带来的误差，如观测者的视力、观测者的经验甚至观测者的责任心都会影响到测量的结果。如水准尺倾斜、气泡未严格居中、估读不准确、未精确瞄准目标等都是观测误差。

3）外界条件的影响。测量工作都是在一定的外界环境下进行的。例如温度、风力、大气折光、地球曲率、仪器下沉都会对观测结果带来影响。

（3）测量误差的分类

根据测量误差的表现形式不同，误差可分为系统误差、偶然误差和粗差。系统误差和偶然误差，是同时存在的。对于系统误差，通过找到其规律性，采用一定的观测方法来消除或减弱。当系统误差很小，而误差的主要组成为偶然误差时，则可以根据其统计规律进行处理，测量上称为"平差计算"。

1）系统误差。在相同观测条件下，对一观测量进行多次观测，若各观测误差在大小、符号上表现出系统性，或者在观测过程中表现出一定的规律性，或为一个常数，那么这种误差就称为系统误差。系统误差的符号和大小保持不变或者按一定规律变化。因此只要找到这种规律性，通过一定的措施可以进行改正，就可以消除或削弱系统误差的影响从而达到获取较为正确的观测值的目的。具体措施包括：

①采用观测方法消除。如水准仪置于距前后水准尺等距的地方可以消除 i 角误差和地球曲率的影响；通过"后前前后"的观测顺序可以减弱水准仪下沉的影响；通过"盘左盘右"观测水平角和竖直角可以消除经纬仪的横轴误差、视准轴误差、照准部偏心差和竖盘指标差的影响。

②测定系统误差的大小，计算改正数对观测值进行改正。

例如精密钢尺量距中的尺长改正：$\Delta D_{\text{K}} = D \times \Delta l_0 / l$；三角高程测量中的球气差改正数：$f = 0.43 D^2 / R$；光电测距仪的加常数和乘常数的改正：$\Delta D = K + R \cdot D$。

③检校仪器。将仪器的系统误差降到最小限度或限制在一个允许的范围内。

2）偶然误差。在相同观测条件下，对一观测量进行多次观测，若各观测误差在大小和符号上表现出偶然性，即从单个误差看，该列误差的大小和符号没有规律性，表现出偶然性，但就大量的误差而言，具有一定的统计规律，这种误差就称为偶然误差。偶然误差的符号和大小是无规律的，具有偶然性。

3）粗差。由于观测条件的不好，观测值中含有的误差较大或超过了规定的数值，这种误差就称为粗差。在严格意义上，粗差并不属于误差的范围。

在测量工作中，粗差可以通过检核（包括测站检核、计算检核以及内业工作阶段的检核）发现，并从测量成果中予以剔除（如水平角观测实验中角度闭合差为十几分）。

2. 衡量精度的标准

精度是指对某个量进行多次同精度观测，其偶然误差分布的离散程度。在测量中引用了数理统计中均方差的概念，并以此作为衡量精度的标准。具体以中误差、相对中误差和容许误差作为衡量精度的标准。

（1）中误差。

$$m = \pm \sqrt{\frac{[\Delta\Delta]}{n}} \qquad (1\text{--}4)$$

对被观测量进行观测则得到观测值，Δ_i 为观测误差，即真误差，n 为观测次数。相同观测条件下被观测对象的观测值与其真实值或理论值之间的差距，称为真误差，记为：

$$\Delta_i = L_i - X_i \tag{1-5}$$

式中，X_i 为真值，即能代表某个客观事物真正大小的数值，L_i 为观测值，即对某个客观事物观测得到的数值。中误差越大，精度越低。

（2）极限误差。极限误差又称为容许误差或限差，在观测次数不多的情况下，测量中常把 3 倍中误差作为偶然误差的极限值，称之为极限误差。在对精度要求较高时，常取 2 倍中误差作为极限误差，即：

$$\Delta_限 = 3m \qquad 或 \qquad \Delta_限 = 2m \tag{1-6}$$

（3）相对误差。距离测量中常用相对误差来表示测量的精度。例如，丈量两段距离：$L_1 = 1000\text{m}$，$L_2 = 80\text{m}$，中误差分别为 $m_1 = \pm 2\text{cm}$，$m_2 = \pm 2\text{cm}$，两者精度并不相等。相对误差公式为：

$$K = \frac{\left| m_D \right|}{D} = \frac{1}{D \big/ \left| m_D \right|} \tag{1-7}$$

3. 误差传播定律及其应用

（1）误差传播定律

阐述观测值的中误差与观测值函数的中误差之间关系的定律称为误差传播定律。

1）线性函数。设 x_1，x_2，$\cdots$，x_t 为独立观测值，其中误差分别为 m_1，m_2，$\cdots$，m_t；z 为不可直接观测的未知量，其真误差为 Δz，z 为独立观测值 x_1，x_2，$\cdots$，x_t 的函数，即：

$$z = k_1 x_1 \pm k_2 x_2 \pm \cdots \pm k_t x_t \tag{1-8}$$

其中 k_1，k_2，$\cdots$，k_t 为常数。

设 x_1，x_2，$\cdots$，x_t 分别含有真误差 Δx_1，Δx_2，$\cdots$，Δx_t，则有：

$$(z + \Delta z) = k_1(x_1 + \Delta x_1) + k_2(x_2 + \Delta x_2) + \cdots + k_t(x_t + \Delta x_t)$$
$$\Delta z = k_1 \Delta x_1 + k_2 \Delta x_2 + \cdots + k_t \Delta x_t \tag{1-9}$$

根据中误差的定义，则有：

$$m_z^2 = k_1^2 m_1^2 + k_2^2 m_2^2 + \cdots + k_t^2 m_t^2 \tag{1-10}$$

2）一般函数。凡是在变量之间由数学运算符号乘、除、乘方、开方、三角函数等组成的函数称为非线性函数，线性函数和非线性函数称为一般函数，其一般形式可写为：

$$z = f(x_1, x_2, \cdots, x_n) \tag{1-11}$$

式中，x_1，x_2，$\cdots$，x_n 为观测值，且它们的中误差分别为：m_1，m_2，$\cdots$，m_n。

由高数分析可知，函数 z 的误差 Δ_z 与观测值 x_i 的误差间 Δ_i 的关系可用全微分的形式来表达：

$$z = f(x_1, x_2, \cdots, x_n)$$

$$\mathrm{d}z = \frac{\partial f}{\partial x_1}\mathrm{d}x_1 + \frac{\partial f}{\partial x_2}\mathrm{d}x_2 + \cdots + \frac{\partial f}{\partial x_n}\mathrm{d}x_n \tag{1-12}$$

所以，

$$\Delta z = \frac{\partial f}{\partial x_1}\Delta x_1 + \frac{\partial f}{\partial x_2}\Delta x_2 + \cdots + \frac{\partial f}{\partial x_n}\Delta x_n \tag{1-13}$$

又因为：$m = \pm\sqrt{\dfrac{[\Delta\Delta]}{n}}$，$m^2 = \dfrac{[\Delta\Delta]}{n}$

两边平方并且求和且同除以 n 得：

$$\frac{[\Delta z\Delta z]}{n} = \left(\frac{\partial f}{\partial x_1}\right)^2\frac{[\Delta x_1\Delta x_1]}{n} + \left(\frac{\partial f}{\partial x_2}\right)^2\frac{[\Delta x_2\Delta x_2]}{n} + \cdots + \left(\frac{\partial f}{\partial x_n}\right)^2\frac{[\Delta x_n\Delta x_n]}{n} + A \tag{1-14}$$

因为 Δ_i 独立，正负出现的概率相同，当 n 趋于足够多时，有 A 为零。

于是有：

$$m_z^2 = \left(\frac{\partial f}{\partial x_1}\right)^2 m_1 + \left(\frac{\partial f}{\partial x_2}\right)^2 m_2 + \cdots + \left(\frac{\partial f}{\partial x_n}\right)^2 m_n \tag{1-15}$$

如 B 点的点位精度求解：

$$X_B = X_A + D_{AB} \cdot \cos\beta \qquad \mathrm{d}X_B = \cos\beta \cdot \mathrm{d}D - D_{AB} \cdot \sin\beta \cdot \frac{\mathrm{d}\beta}{\rho}$$

$$\Delta X_B = \cos\beta \cdot \Delta D - S \cdot \sin\beta \cdot \frac{\Delta\beta}{\rho}$$

$$m_{X_B}^2 = (\cos\beta)^2 m_D^2 + (D \cdot \sin\beta)^2 \frac{m_\beta^2}{\rho^2}$$

同理得：$m_{Y_B}^2 = (\sin\beta)^2 m_D^2 + (D \cdot \cos\beta)^2 \dfrac{m_\beta^2}{\rho^2}$

$$m_B = \sqrt{m_{X_B}^2 + m_{Y_B}^2} = \sqrt{m_D^2 + \frac{D^2 m_\beta^2}{\rho^2}} \tag{1-16}$$

（2）算术平均值的中误差

$$x = \frac{[L]}{n} = \frac{L_1}{n} + \frac{L_2}{n} + \cdots + \frac{L_n}{n} \tag{1-17}$$

因为 L_i 是同精度的，故 $m_i = m$

由误差传播定律得：

$$\Delta x = \frac{1}{n}(\Delta_1 + \Delta_2 + \cdots + \Delta_n) \tag{1-18}$$

所以：

$$m_x^2 = \left(\frac{1}{n}\right)^2 (m_1^2 + m_2^2 + \cdots + m_n^2) = \left(\frac{1}{n}\right)^2 \cdot n \cdot m^2 = \frac{1}{n} \cdot m^2 \tag{1-19}$$

$$m_x = \frac{m}{\sqrt{n}} \tag{1-20}$$

（3）由改正数计算同精度观测值的中误差

1）改正数。测量中因观测量的真值往往是未知的，真误差也就不知道，所以中误差无法用 $m = \sqrt{\frac{[\Delta\Delta]}{n}}$ 来计算，但是最或然值可以计算出来，它与观测值的差值也可以求得，所以测量中把最或然值与观测值的差值称为改正数，用字母 v_i 来表示，即：

$$v_i = x - L_i \tag{1-21}$$

可得：

$$m = \pm\sqrt{\frac{[vv]}{n-1}} \tag{1-22}$$

由改正数计算最或然值的中误差的公式：

$$m_x = \frac{m}{\sqrt{n}} = \pm\sqrt{\frac{[vv]}{(n-1)n}} \tag{1-23}$$

2）算术平均值及其误差的解算步骤。

①计算算术平均值 $x = \frac{[L]}{n}$ ；

②计算改正数：$v_i = x - L_i$ ；

③精度评定：$m = \sqrt{\frac{[vv]}{n-1}}$ ，$m_x = \sqrt{\frac{[vv]}{n(n-1)}}$ \tag{1-24}

（4）实例分析

【例1-1】某直角三角形，测量了斜边 $S = 163.563\text{m}$ ，其中误差为 $m_s = \pm 0.006\text{m}$ ，测量了角度 $\theta = 32°15'26''$ ，其中误差为 $m_\theta = \pm 6''$ 。设边长与角度观测独立。求直角边 h 的中误差 m_h 。

【解】$h=S\sin\alpha$

$$\Delta h = \frac{\partial h}{\partial S}\Delta S + \frac{\partial h}{\partial \alpha}\left(\frac{\Delta \alpha}{\rho''}\right) = \sin\alpha \Delta S + \frac{S\cos\alpha}{\rho''}\Delta \alpha$$

$$m_h^2 = \sin^2\alpha \times m_s^2 + \left(\frac{S\cos\alpha}{\rho''}\right)^2 m_0^2 = 0.5337^2 \times 6^2 + \left(\frac{163563 \times 0.8456}{206265}\right)^2 \times 6^2 = 26.43$$

得到：$m_h = \pm 5.14\text{mm}$

注意：为了单位的统一，在计算中要将距离单位化为"mm"；ρ 为距离角度转换参数，ρ'' 为 206265。

实训 1-1　建筑工程测量实训须知

1. 实训目的

"建筑施工测量"是高职高专建筑工程技术专业及土建类相关专业必修的一门专业核心技能课程。在课程教学中，为掌握所学测量知识，提升学生的测量技能水平，必须进行一定量的测量实践训练，采用"教、学、做"一体化教学方式，开展测量仪器的操作及应用等单项实训教学活动，并开展测量课程实训专用周技能综合训练，为学生掌握测量基本知识、操作方法及施工测量技能奠定基础。

建筑工程测量实训目的有如下几点：

（1）掌握常用测量仪器及配套工具的操作及使用方法。

（2）掌握基本测量工作任务的施测方法，掌握观测数据的记录与数据处理方法及观测成果的检核、验算方法。

（3）掌握施工测量工作任务的实施流程和施测操作步骤，在建筑工程施工测量实践活动中，逐步培养学生发现问题、解决问题的能力。

（4）培养学生严谨认真的工作作风、团结协作的团队意识、吃苦耐劳的坚韧品质。

2. 测量实训的基本流程

（1）测量实训以 4~6 人为一个作业小组进行，采取小组长负责制。

（2）测量实训开始前，学生应仔细阅读测量教材中的相关内容，预习相应的实训项目内容，明确实训目的和学习任务，搞清相关测量概念和训练项目的操作要领，了解实训过程中的注意事项，并按本实训教材中的各实训项目的要求，在实训课前准备好必备的工具，如铅笔、小刀等，以便顺利地完成实训任务。

（3）施工测量实训是本课程教学组织的重要环节，在实施中，可采用"教、学、做"一体化教学模式，学生不得无故缺席；测量实训应按教学授课计划规定的时间和场地进行，不得随便改变教学地点。在实训教学活动中，学生应认真观摩指导教师所做的操作示范，并体会理解指导教师讲解的实训操作要点；在分组实训过程中，学生应严格按各仪器操作规程使用仪器，开展实训操作活动。学生必须在实训指导教师的指导下，依据现行的测量规范，按照规定的测量技术指标、精度指标、方法和程序，严谨细致地工作，确保测量成果真实可靠。

（4）每次测量实训结束，每小组应提交当次实训的观测数据表及数据处理成果表，每位实训学生应提交实训报告，以此作为实训指导教师评定作业小组及成员每次实训成绩的依据。

3. 测量实训的基本要求

（1）测量工作是一项技术性、操作性很强的工作，必须高度重视各实训项目中的实训内容和具体操作方法，以确保达到测量实训的目的及效果，切不可流于形式。

（2）在开展测量实训活动中，应严格遵守相关测量规范及本实训教材列出的相关规定；遵守实训课堂纪律，注意聆听指导教师的讲解，实训报告的填写必须规范。

（3）各测量实训的具体操作应按各实训项目任务的规定及步骤进行，遇到问题应及时向指导教师提出。实训中若出现仪器故障必须及时向指导教师报告，不可随意自行处理。

（4）测量工作是一项集体作业。每个实训作业小组的所有成员必须合理分工、密切配合、团结协作共同完成实训任务，并要求每位成员均能掌握各操作要领。

（5）实训过程中，严禁一切违纪行为，须注意人员安全和测量仪器及配套设备的安全。

4. 测量观测数据填写及成果处理

（1）数据记录

1）记录的测量数据是重要的原始观测资料，是内业数据处理的依据，须保证真实性，严禁伪造，谨防丢失。

2）测量记录应用2H铅笔书写，字高应稍大于格子的一半，字脚靠近底线，字迹应工整、清晰。一旦记录中出现错误，便可在留出的空隙处对错误的数字进行更正。

3）记录观测数据之前，应将表头栏目填写齐全，不得空白。凡记录表格上规定填写的项目应填写齐全。

4）观测过程中，坚持回报制度。观测者读完读数，记录者复诵，防止读错、听错或记错。得到观测者默许后，方可记入观测手簿表格中。若记录者复诵错误，则观测者应及时纠正，然后记录者再记录于观测手簿表格中。

5）读数和记录数据的位数应齐全，不得随意缺省。例如，在普通水准测量中，水准尺读数0325，度盘读数4°03′06″，其中的"0"均不能省略。

6）观测记录必须直接填写在规定的表格内，不得用其他纸张记录再进行转抄。

7）测量记录严禁擦拭、涂改、挖补或就字改字。发现错误应在错误处用细横线划去，将正确数字写在原数字上方，不得使原数字模糊不清。淘汰某整个部分时可用斜线划去，保持被淘汰的数仍然清晰。所有记录的修改和观测成果的淘汰，均应在备注栏内注明原因（如测错、记错或超限等）。但观测数据的尾数出错不得更改，而必须重测重记。

8）严禁连环修改，若已修改了平均数，则不准再改动计算得此平均数的任何一个原始数据。若已改正了一个原始读数，则不准再改其平均数。假如两个读数均错误，则应重测重记。即相关的记录数字只能改正一个。

9）凡废去的记录或页码，应从左下角至右上角用细实线划去，不得涂抹或掉页，并应在备注栏注明原因。

10）应保持原始记录的整洁，严禁在记录表格内外和背面书写无关的内容。

11）每测站观测结束后，应在现场完成计算和检核，确认合格后方可迁站。实训结束后，应按规定每小组（或每人）提交一份记录手簿且每人提交一份实训报告。

（2）观测数据计算和成果处理

1）外业观测数据计算。根据外业观测数据完成外业的相关计算，并对观测结果进行计算检核和精度检核。观测结果若达到规定精度要求，可进行后续内业数据计算处理工作；否则，应查找原因，进行补测或重测。

2）内业数据计算处理。

内业数据计算处理：应遵循内业计算不得降低外业观测精度的原则。

观测值平差值计算：根据闭合差及其影响因素计算改正数，进而求出观测值的平差值。

精度评定：按相应的计算公式进行评定。

3）测量计算应遵循的规定。测量计算应遵循"步步有检核"的规定，完成规定的计算检核项目。本步检核未通过不得进行下一步计算，以确保计算结果的正确性，避免不必要的返工。

4）数值的近似计算。有效数字：如果一个近似数的最大凑整不超过该数最末位的0.5个单位，则从这个数字起一直到该数最左面第一个不为零的数为止，称为该数的有效数字，并用其位数表示。

数值舍入规定:"4舍5入,5前奇进偶不进"。

5. 测量仪器及配套设备借领及归还、丢失损坏赔偿规定

(1)每次实训所需仪器及配套设备均在各项实训项目任务上载明(或依指导教师提交的实训计划所定出的仪器设备),学生应以小组为单位在上实训课前10分钟凭有效证件向测量仪器室借领、签字,借领时,各实训小组依次由1~2人进入仪器室,在指定地点清点、检查仪器和工具,发现问题及时请仪器室教师(或管理员)处理,确认无误后,在仪器使用台账登记簿上填写班级、组号及日期,并由小组长签名后将学生证交仪器室教师(或管理员)。仪器拿到实训场地开箱后要认真检查,发现问题应在借出后30分钟内报告指导教师或送回仪器室。否则,一旦发现问题要承担相应的赔偿责任。仪器借出后,要在规定的时间内完成实训项目的实训任务;补做实训的学生,要抓紧时间补做。实训完成并检查合格后,应尽快清点、清理并归还仪器,不得无故拖延时间。

(2)实训过程中,各小组应妥善保护仪器、工具。各小组间不得任意调换仪器、工具。若有损坏或遗失,视情节依照仪器丢失、损坏赔偿规定处理。

(3)所借仪器和工具,仅供实训期间使用,未经许可不得擅自带回宿舍或其他地方存放。

(4)每次实训结束后,每小组应将所借用的仪器、工具上的泥土清扫干净再交还仪器室,由仪器室教师(或管理员)检查所借仪器和工具,经验收确认合格后,将证件退还实训小组。

(5)仪器工具丢失损坏赔偿规定。

①爱护公物,人人有责。对于实验与实训所用仪器,每个使用者都应加倍珍惜,妥善保管,防止损坏或丢失。一旦造成仪器设备损坏或丢失,则应视情节轻重予以处理。

②因责任事故或违反操作规程造成仪器设备损坏或丢失的,均应赔偿。在处理赔偿事宜时,视损坏或丢失仪器设备的价值、损坏程度、当事人事后的认识态度等具体情况确定赔偿金额。

③仪器设备损坏的具体赔偿处理如下:

A.大型精密仪器设备损坏,应填写事故报告单,并及时上报所管系部和学院处理。被损坏的仪器设备应由损坏者负责修复。确实无法修复的,应由学院组织鉴定报废。赔偿金额原则上按原价折旧处理。

B.普通仪器设备损坏,应视损坏程度酌情处理。造成仪器设备整体损坏的,应申请报废,由当事人赔偿损失;仪器设备局部损坏的,应赔偿配件费及修理费,或由当

事人负责修复。

C.零小设备损坏，50元以上的酌情处理，50元以下的照价赔偿。

④仪器设备丢失的处理：400元以上的仪器设备丢失，要上报所管系部处理；零小设备丢失，原则上按原价折旧赔偿。

⑤赔偿程序：仪器设备损坏或丢失后，要及时报告测量仪器室。仪器室负责仪器收发的教师（或管理员）要责令当事人填写事故报告单，并对发生的情况予以记载，经指导教师签字认可后，交由仪器室或所管系部处理。

6.测量仪器操作一般规定

测量仪器是精密光学仪器，或是光、机、电一体化贵重设备，对仪器的正确使用、精心爱护和科学保养，是测量人员必须具备的素质，也是保证测量质量、提高工作效率的必要条件。在使用测量仪器时应养成良好的工作习惯，严格遵守操作规则。测量仪器一般规定：

（1）领取仪器时必须检查。

①仪器箱盖是否关妥、锁好。

②背带、提手是否牢固。

③脚架与仪器是否相配，脚架各部分是否完好，脚架伸缩处的连接螺旋是否滑丝，要防止因脚架未架牢而摔坏仪器，或因脚架不稳而影响作业。

（2）打开仪器箱时的注意事项。

①仪器箱应平放在地面上或其他台子上才能开箱，不要托在手上或抱在怀里开箱，以免将仪器摔坏。

②开箱后未取出仪器前，要注意仪器安放的位置与方向，以免用完装箱时因安放位置不正确而损伤仪器。

（3）自箱内取出仪器时的注意事项。

①不论何种仪器，在取出前一定要先松开制动螺旋，以免取出仪器时因强行扭转而损坏制动、微动装置，甚至损坏仪器轴系。

②自箱内取出仪器时，应一手握住照准部支架，另一手扶住基座部分，轻拿轻放，不要用一只手抓仪器。

③自箱内取出仪器后，要随即将仪器箱盖好，以免沙土、杂草等不洁之物进入箱内，还要防止搬动仪器时丢失附件。

④取拿仪器及使用仪器过程中，要注意避免触摸仪器的目镜、物镜，以免玷污影响成像质量。不允许用手指或手帕等物去擦拭仪器的目镜、物镜等光学部件。

（4）架设仪器时的注意事项。

①伸缩式脚架三条腿抽出后，要把固定螺旋拧紧，但不可用力过猛而造成螺旋滑丝，要防止螺旋未拧紧使脚架自行收缩而摔坏仪器。三条腿拉出的长度要适中。

②架设脚架时，三条腿分开的跨度要适中，并得太拢容易被碰倒，分得太开容易滑倒，都会造成事故。若在斜坡上架设仪器，则应使两条腿在坡下（可稍放长），一条腿在坡上（可稍缩短）。若在光滑地面上架设仪器，则要采取安全措施（如用细绳将脚架三条腿连接起来），防止脚架滑动摔坏仪器。

③在脚架安放稳妥并将仪器放到脚架上后，应一手握住仪器，另一手立即旋紧仪器和脚架间的中心连接螺旋。固定仪器时，中心螺旋松紧应适度，以防止仪器脱落或丝扣损坏。

④仪器箱多为薄型制料制成，不能承重，因此，严禁蹬、坐在仪器箱上。

（5）仪器在使用过程中的注意事项。

①在阳光下观测必须撑太阳伞，防止日晒；在下雨天，原则上禁止在室外使用仪器进行观测作业，如实在需要，则应妥善使用仪器，防止仪器及仪器箱淋雨。对于电子测量仪器，在任何情况下均应撑伞防护。

②在开展测量活动时，任何时候仪器旁必须有人守护。禁止无关人员拨弄仪器，注意防止行人、车辆碰撞仪器。

③如遇目镜、物镜外表面蒙上水汽而影响观测（在冬季较常见），应稍等一会或用纸片扇风使水汽蒸发。如镜头上有灰尘，则应用仪器箱中的软毛刷拂去，严禁用手帕或其他纸张擦拭，以免擦伤镜面。观测结束应及时套上物镜盖。

④操作仪器时，用力要均匀，动作要准确、轻捷。制动螺旋不宜拧得过紧，微动螺旋和脚螺旋宜使用中段螺纹，用力过大或动作太猛都会造成仪器损伤。

⑤转动仪器时，先松开制动螺旋，然后平稳转动。使用微动螺旋时，应先旋紧制动螺旋。

（6）仪器迁站时的注意事项。

①在远距离迁站或要通过行走不便的地区时，必须将仪器装箱后再迁站。

②在近距离且平坦地区迁站时，可将仪器连同三脚架一起搬迁。首先检查连接螺旋是否旋紧，松开各制动螺旋，再将三脚架腿收拢，然后一手托住仪器的支架或基座，一手抱住脚架，稳步行走。搬迁时切勿跑行，防止摔坏仪器，严禁将仪器横扛在肩上搬迁。

③迁站时，要清点所有的仪器和工具，防止丢失。

（7）仪器装箱时的注意事项。

①仪器使用完毕，应及时盖上物镜盖，清除仪器表面的灰尘和仪器箱、脚架上的泥土。

②仪器装箱前，要先松开各制动螺旋，将脚螺旋调至中段并使其大致等高。然后一手握住支架或基座，另一手将中心连接螺旋旋开，双手将仪器从脚架上取下放入仪器箱内。

③仪器装入箱内后要试盖一下，若箱盖不能合上，则说明仪器未正确放置，应重新放置，严禁强压箱盖，以免损坏仪器。在确认安放正确后再将各制动螺旋略为旋紧，防止仪器在箱内自由转动而损坏某些部件。

④清点箱内附件，若无缺失则将箱盖盖上、扣好搭扣、上锁。

7. 测量单项训练与课程实训周成绩评定办法

（1）测量实训是课程教学的重要环节，指导教师应对参加实训的学生进行考核。

（2）考核的主要依据是出勤情况、实际操作技能（可安排考核）及实训报告完成情况。

（3）测量单项训练成绩按一定比例（即权重）纳入本门课程期终考试成绩。

（4）学生应独立完成实训任务，并提交实训报告，不得抄袭。

（5）无故未提交成果资料和实训报告或伪造成果者，均以不及格计。

（6）学生不得无故缺席或迟到、早退。迟到10分钟以上者，取消其本次实训资格；累计缺席次数超过课间实验与实训总次数的1/3者，不得参加考试，课程成绩以不及格计。

（7）测量课程设置综合实训周（一般为两周），综合实训内容根据指导老师安排开展，将作为建筑工程测量实训课程的成绩，成绩评定一般按五级制，成绩评定为过程加成果考核，主要考核内容同上。

 课后习题

1. 填空题

（1）测量学的任务有_____和_____。

（2）我国当前应用的大地坐标系是_____，采用的高程系是_____。

（3）高斯平面直角坐标系是以_____为 X 轴，向北为正；_____为 Y 轴，向东为正。测量误差按其对测量结果的影响性质，可分为系统误差和_____。

（4）测量工作的基准线是_____，测量工作的基准面是_____。

（5）测量工作从布局上遵循_____的原则，从次序上遵循_____的原则，从精度上遵循_____的原则。

（6）为了使高斯平面直角坐标系的 y 坐标恒大于零，将 x 轴自中央子午线西移_____ km。

（7）绝对高程是地面点沿_____到_____的距离，通常用_____表示。

（8）测量工作的三要素为_____、_____和_____。

（9）测量工作的实质是_____。

（10）测量误差按其对测量结果的影响性质，可分为_____误差、_____误差和粗差。

（11）阐述观测值的中误差与观测值函数的中误差之间关系的定律称为_____。

2.选择题

（1）测量工作的基准面是（　　　）。

A.高斯投影面　　　　B.参考椭球面　　　　C.大地水准面　　　　D.水平面

（2）以下不属于基本测量工作范畴的一项是（　　　）。

A.高差测量　　　　B.距离测量　　　　C.导线测量　　　　D.角度测量

（3）根据工程设计图纸上待建的建筑物相关参数将其在实地标定出来的工作是（　　　）。

A.导线测量　　　　B.测设　　　　C.图根控制测量　　　D.地形测量

（4）任意两点之间的高差与起算水准面的关系是（　　　）。

A.不随起算面而变化　　　　　　　　B.随起算面变化

C.总等于绝对高程　　　　　　　　　D.无法确定

（5）在多少范围内，可以用水平面代替球面进行距离测量？（　　　）

A.以 20km 为半径　　　　　　　　　B.以 10km 为半径

C.50km^2　　　　　　　　　　　　　D.10km^2

项目 2
测量基本工作

教学目标

学习目标

掌握角度、距离、高程测量的方法原理，通过实践掌握仪器设备操作技能，会利用测量设备和测量方法进行三项基本测量工作。

功能目标

（1）会使用光学或电子测量设备进行水平角、竖直角及水平距离测量及测量成果记录计算。

（2）会利用光学水准仪进行高差测量、误差配赋和高程成果计算。

（3）能正确理解角度、距离和高程测量中的各项技术要求、注意事项。

（4）能开展坐标方位角推算，正确理解坐标方位角的作用。

工作任务

（1）掌握角度测量之水平角测量方法与成果计算和应用。

（2）掌握角度测量之竖直角测量方法与成果计算和应用。

（3）掌握光电测距和钢尺量距的方法。

（4）掌握普通水准测量方法、平差成果计算和应用。

（5）能熟练使用全站型电子经纬仪进行测角、测距和测高程。

2-1 角度测量

无论是测绘还是测设工作，均需掌握角度测量、距离测量、高程测量这些基本工作，理解测量原理，掌握施测方法。

任务 2.1 角度测量

2.1.1 角度测量原理、仪器的认识与使用

1. 角度测量原理

（1）水平角测角原理。水平角是指地面上一点到两个目标点的连线在水平面上投影的夹角，或者说水平角是过两条方向线的铅垂面所夹的两面角。如图 2-1 所示，β 角就是从地面点 B 到目标点 A、C 所形成的水平角，B 点也称为测站点。水平角的取值范围是 0°~360°。

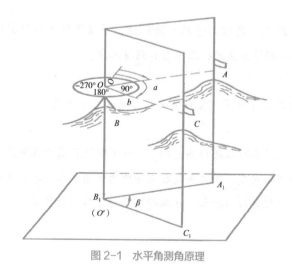

图 2-1 水平角测角原理

$$\beta = \angle A_1O_1C_1$$

从图中可以看出，A、B（O）、C 为地面上的任意三点，为测量 $\angle AOC$ 的大小，设想在 O 点沿铅垂线上方，放置一按顺时针注记的水平度盘（0°~360°），使其中心位于角顶的铅垂线上。过 OA 铅垂面通过水平度盘的读数为 a，过 OC 铅垂面通过水平度盘的读数为 b，则 $\angle AOC$ 的大小即为水平角 β 的两读数之差，即：

$$\beta = b - a \tag{2-1}$$

（2）竖直角测角原理。在同一竖直面内，目标方向与水平方向的夹角称为竖直角。目标方向在水平方向以上称为仰角，角值为正；在水平方向以下称为俯角，角值为负。竖直角取值范围0°~±90°。

如图2-2所示，可以看出要测定竖直角，可在O点放置竖直度盘，在竖直度盘上读取视线方向读数，视线方向与水平方向读数之差，即为所求竖直角。

$$α=目标视线读数-水平视线读数$$

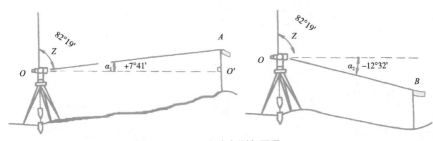

图 2-2　竖直角测角原理

图中Z为天顶距（即地面点O垂直方向的北端，顺时针转至观测视线OA方向线的夹角）。即天顶距与竖直角的关系为：

$$Z=90°-α \qquad (2-2)$$

2. 角度测量仪器的认识与使用

角度测量的常用仪器有光学经纬仪和电子经纬仪两类，其构造基本类似。光学经纬仪在我国的系列为DJ_1、DJ_2、DJ_6等。D、J分别取大地测量仪器、经纬仪的汉语拼音字头；数字为一测回的测角中误差。电子经纬仪包括普通电子经纬仪和全站型电子经纬仪。全站型电子经纬仪同时具备测量角度、水平距离、高程等基本测量工作的功能，且精度较高，其应用最广泛。

（1）全站型电子经纬仪

电子经纬仪具有与光学经纬仪相似的外形结构，仪器操作也基本相同，但读数系统各不相同。光学经纬仪配以光学测微器读取角值，电子经纬仪采用光电度盘，利用光电扫描度盘获取照准方向的电信号，通过电路对信号的识别、转换、计数，拟合成数值显示在显示屏上，如图2-3所示。具体操作与练习详看"实训2-1 全站型电子经纬仪的认识与使用"。

图 2-3　电子经纬仪

（2）光学经纬仪

光学经纬仪为以前角度测量的主要仪器，以 DJ$_6$ 型光学经纬仪应用最为广泛，如图 2-4 所示。DJ$_6$ 光学经纬仪主要由照准部、水平度盘和基座构成。其主要构造如下：

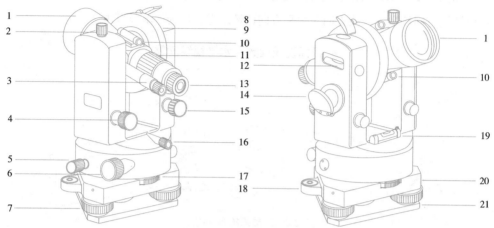

图 2-4　DJ$_6$ 光学经纬仪

1- 物镜；2- 望远镜制动螺旋；3- 度盘读数窗；4- 望远镜微动螺旋；5- 水平制动螺旋；6- 水平微动螺旋；
7- 脚螺旋；8- 竖盘水准管观察镜；9- 竖盘；10- 瞄准器；11- 物镜调焦螺旋；12- 竖盘水准管；13- 望远镜目镜；
14- 度盘照明镜；15- 竖盘水准管微动螺旋；16- 光学对中器；17- 水平度盘位置变换轮；18- 圆水准器；
19- 水准管；20- 基座；21- 基座底板

1）照准部。照准部由望远镜、横轴、U 形支架、竖轴、竖直度盘、竖盘指标水准管、管水准器、读数显微镜、水平和垂直制动螺旋和微动螺旋等组成。望远镜用于瞄准目标，其构造与水准仪类似，也由物镜、目镜、调焦透镜、十字丝分划板组成。横轴是望远镜的旋转轴；U 形支架用于支撑望远镜；竖轴是照准部旋转轴的几何中心；竖直度盘是一个 0°~360° 顺时针或逆时针刻画的圆环形的光学玻璃盘，用于测量竖直角；竖盘指标水准管用于指示竖盘指标是否处于正确位置；管水准器用于整平仪器；读数显微镜用来读取水平度盘和竖直度盘的读数；水平和垂直制动螺旋和微动螺旋用于控制仪器在水平面内和竖直面内的转动。

2）水平度盘。水平度盘用来测量水平角，它是一个圆环形的光学玻璃盘，圆盘的边缘上刻有分划。分划从 0°~360° 按顺时针注记。水平度盘的转动通过复测扳手或水平度盘转换手轮来控制。实训中用的 DJ$_6$ 光学经纬仪使用的是度盘转换手轮，在转换手轮的外面有一个护盖。要使用转换手轮的时候先把护盖打开，再拨动转换手轮将水平度盘的读数配置成需要的数值。不用的时候一定要注意要把护盖盖上，避免不小心碰动转换手轮而导致读数错误。

3）基座。基座上有 3 个脚螺旋、圆水准器、支座、连接螺旋等。圆水准器用来

粗平仪器。另外，经纬仪上还装有光学对中器，用于对中，使仪器的竖轴与过地面标志点的铅垂线重合。

（3）DJ$_6$光学经纬仪的读数装置

DJ$_6$光学经纬仪的读数装置分为：分微尺读数和平板玻璃测微器读数。目前大多数的DJ$_6$光学经纬仪都采用分微尺读数。

1）分微尺读数装置。采用分微尺读数装置的经纬仪，其水平度盘和竖直度盘均刻画为360格，每格的角度为1°。每个测微尺上均刻画为60格，并且度盘上的一格在宽度上刚好等于测微尺60格的宽度。这样，60格的测微尺就对应度盘上1°，每格的角度值就为1′（即60″），读数时可估读到6″的倍数（如06″、12″、18″等）。

在读数显微镜窗口内，"水平"或"HZ"（horizon）（或"—"）表示水平度盘读数，"竖直"或"V"（vertical）（或"⊥"）表示竖盘读数。

读数的方法：如图2-5所示，首先看度盘的哪一条分划线落在分微尺0到6的注记之间，度数就由该分划线的注记读出（在水平度盘上读73°），分数就是这条分划线所指向的分微尺上的读数（在分微尺上精确读04′），读秒的时候要把分微尺上的一小格用目估的方法划分为10等份，每一等份就是6″，然后再根据度盘的分划线在这一小格中的位置估读出秒数（在分微尺上估读54″）。

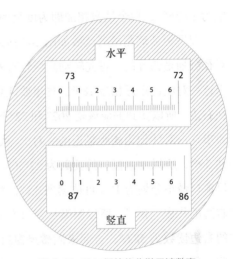

图2-5 DJ$_6$经纬仪分微尺读数窗

2）平板玻璃测微器读数装置。平板玻璃测微器包括单平板玻璃测微器（如DJ$_2$型仪器）和双平板玻璃测微器读数装置（如DJ$_1$型仪器）。如图2-6所示为单平板玻璃测微器读数装置，图中所示中间是度盘的刻画和注记的影像，上面是测微尺的刻划和注记的影像。当度盘刻划影像不位于双指标线中央时，这时的读数为92°+a，a的大小可以通过测微尺读出来。首先转动测微螺旋使平板玻璃旋转，致使经过平板玻璃折射后的度盘刻划影像发生位移，从而带动测微尺读数指标发生相应位移。这样，度盘分划影像位移量，就反映在测微尺上。如图所示，将92°的度盘分划调节到双指标线的中央时，测微尺上的位移也是a。度盘每格的角度值为30′，测微尺上1格所代表的角度值为20″，可估读到2″的倍数。如图2-6所示，读数时先旋转测微螺旋，使相应度盘分划线中的某一个分划线精确地位于双指标线的中央，读出该分划

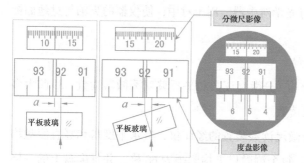
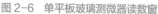

图 2-6　单平板玻璃测微器读数窗

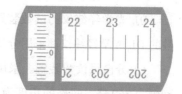

图 2-7　双平板玻璃测微器读数窗

线的度盘读数（图 2-6 中为 92°），不足 30′ 和 30″ 的读数部分从测微尺上读出（图 2-6 中为 17′36″），两个读数相加即为度盘的读数 92°17′36″。

双平板玻璃测微器读数如图 2-7 所示：最初从读数显微镜中看到的影像，度盘的对径分划是错开的。首先转动测微轮对齐上、下分划。然后从左至右找一对注记，要求这一对注记正好相差 180°。这里要注意，正像的分划线在左边，倒像的分划线应该在右边。所以找到的应该是 202° 和 22° 这一对分划，而不是 23° 和 203° 这一对分划（且要求这一对注记为相距最近的一对）。从 22° 开始从左至右数格子，每一格为 10′，一共 5 格，所以度盘窗口的读数为 22°50′。然后从测微尺窗口中读取分数和秒数。测微尺窗口最小分划为 1″，可估读到 0.1″，测微尺窗口有两部分注记，左边的代表"分"，右边的代表"10″"，所以测微尺窗口左边的读数为 6′，右边为读数为 58″，加上估读的右边读数为 58.6″，合起来测微尺窗口的读数为 6′58.6″。最后将度盘窗口的读数与测微尺窗口的读数相加（22°56′58.6″）就是最终的读数。采用对径分划影像符合的读数方法，可以消除度盘偏心误差的影响。

（4）经纬仪常用配套设备

经纬仪测角常用配套设备，如图 2-8 所示。

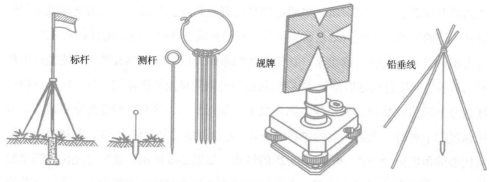

图 2-8　经纬仪测角常用配套设备

实训 2-1　全站型电子经纬仪的认识与使用

1. 全站型电子经纬仪

　　全站型电子经纬仪是一种利用机械、光学、电子等元件组合而成、可以同时进行角度（水平角、垂直角）测量和距离（斜距、平距）、高差测量，并可进行有关计算的高科技测量仪器。由于只要在测站上一次安置该仪器，便可以完成该测站上所有的测量工作，故简称全站仪。通过输入、输出设备，可以与计算机交互通信，使测量数据直接进入计算机，据此进行计算机绘图；测量作业所需要的已知数据也可以从计算机输入全站仪。一些全站仪具有对目标棱镜的自动识别、跟踪和瞄准（ATR）功能；一些全站仪将全球定位系统（GPS）接收机与之结合，以解决仪器自由设站的定位问题，构成超站仪。全站仪的功能不仅使测量的外业工作高效化，而且可以实现整个测量作业的高度自动化。电子全站仪已广泛用于控制测量、地形测量、施工放样等方面的测量工作。

　　一般全站仪各部分的功能如下：电源部分有可充电式电池盒装入仪器内，或用外接电源，供部分用电需要。测量部分相当于电子经纬仪，有水平度盘和垂直度盘，可以测定水平角、垂直角和设置方位角。测距部分相当于测距仪，用调制的红外光或激光按相位式或脉冲式测定斜距，并可归算为平距和垂距。测角和测距是全站仪的最基本功能。传感部分是光电管传感器或 CCD 传感器，目的是使全站仪的总体性能和精度得到提高，数据处理部分是一系列应用程序和储存单元，按输入的已知数据和观测数据算出所需的测量成果，例如坐标计算、放样数据计算等，并进行数据的存取。输入输出部分包括键盘、显示屏和通信接口；从键盘可以输入操作指令、数据和设置参数；显示屏可以及时显示仪器当前的工作方式、观测数据和运算结果，并有参数设置和数据输入的对话框；通信接口使仪器能与磁卡、磁盘、微机等交互通信、传输数据。中央处理单元接受指令和调度支配各部分工作。GTS330 系列全站仪及其操作面板如图 2-9 所示。

2. 全站仪的使用

　　全站仪的使用可分为观测前的准备工作、角度测量、距离（斜距、平距、高差）测量、三维坐标测量、放样测量、导线测量、交会定点测量等。角度测量和距离测量属于最基本的测量工作。坐标测量和放样测量一般用得最多。导线测量、交会定点测量等都有专用的程序可用，配合基本测量工作，可以获得相应的测量成果。不同精度等级和型号的全站仪的使用方法大体上是相同的，但在细节上是有差别的，因为每种型号的全站仪都有本身的功能菜单系统（主菜单和各级子菜单）。下面介绍 GTS330 全站仪的

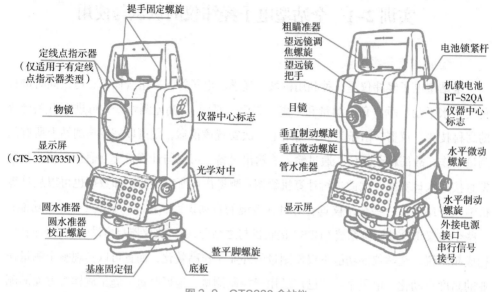

图 2-9　GTS330 全站仪

主要功能及其使用方法。

GTS330 全站仪标称测角精度为 ±2″，标称测距精度为 ±（2+2×10−6×D）mm。基本测量功能有角度测量、距离测量和坐标测量等；高级测量功能有放样测量、后方交会、偏心测量、对边测量和悬高测量等；有测量数据记录和输入、输出功能。

（1）GTS330 全站仪的显示屏和操作键

1）显示屏。显示屏如图 2-10 所示，屏上共有 4 行，每行 20 个字符。前 3 行显示测量数据，最后一行显示随测量模式变化的按键功能。

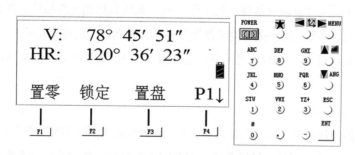

图 2-10　GTS330 全站仪的显示屏

2）GTS330 全站仪的模式和功能菜单结构。GTS330 全站仪将其全部功能划分为角度测量模式、距离测量模式、坐标测量模式、菜单模式。四种模式的屏幕显示有一定的前后次序，形成功能菜单结构。"角度测量"操作模式排在优先位置，开机后仪器即处于角度测量模式，其他各种模式由其操作键进入。各操作键功能如表 2-1 所示。显示屏下的 F1~F4 为功能键，又称软件键（简称软键），与显示屏的功能菜单行相对应，按下即为选中该菜单或执行某项功能。GTS330 全站仪功能菜单，如图 2-11 所示。

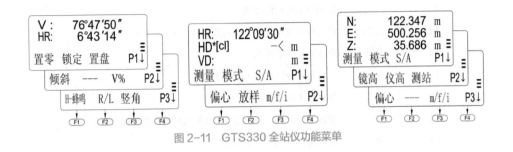

图 2-11　GTS330 全站仪功能菜单

全站仪模式和功能菜单表见表 2-1。

全站仪模式和功能菜单表　　　　　表2-1

键	名称	功能
☆	星键	用于显示屏对比度设置、十字丝照明、背景光显示、倾斜改正设置
↖	坐标测量键	进入坐标测量模式
◢	距离测量键	进入距离测量模式
ANG	角度测量键	进入角度测量模式
POWER	电源键	电源开关
MENU	菜单键	在菜单模式和正常测量模式之间切换
ESC	退出键	返回测量模式或退出上一层；从测量模式进入放样模式或数据采集模式
ENT	输入确认键	在输入值末尾按此键
F1~F4	功能键	对应于显示的软键功能信息

①角度测量键模式（表 2-2）

GTS330 全站仪角度测量模式屏幕，如图 2-12 所示。

②距离测量模式（表 2-3）

GTS330 全站仪距离测量模式屏幕，如图 2-13 所示。

③坐标测量模式（表 2-4）

GTS330 全站仪坐标测量模式屏幕，如图 2-14 所示。

④菜单模式（表 2-5）

GTS330 全站仪坐标测量模式屏幕，如图 2-15 所示。

角度测量模式表　　　　　　　　　　　　　　　　　　表2-2

页数	软键	显示符号	功能
1	F1	置零	水平角置为 0°00′00″
	F2	锁定	水平角读数锁定
	F3	置盘	通过键盘输入数字设置水平角
	F4	P1 ↓	显示第 2 页软键功能
2	F1	倾斜	设置倾斜改正开或关，若选择开，则显示倾斜改正
	F2	复测	角度重复测量模式
	F3	V%	垂直角百分比坡度（%）显示
	F4	P2 ↓	显示第 3 页软键功能
3	F1	蜂鸣	仪器每转动 90° 水平角是否要发出蜂鸣声的设置
	F2	R/L	水平角右 / 左计数方向的转换
	F3	竖角	垂直角显示格式（高度角 / 天顶距）的切换
	F4	P3 ↓	显示下一页（第 1 页）软键功能

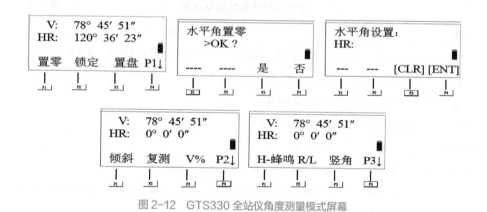

图 2-12　GTS330 全站仪角度测量模式屏幕

距离测量模式表　　　　　　　　　　　　　　　　　　表2-3

页数	软键	显示符号	功能
1	F1	测量	启动距离测量
	F2	模式	设置测距模式"精测 / 粗测 / 跟踪"
	F3	S/A	设置音响模式
	F4	P1 ↓	显示第 2 页软键功能
2	F1	偏心	偏心测量模式
	F2	放样	放样测量模式
	F3	m/f/i	单位的转换
	F4	P2 ↓	显示下一页（第 1 页）软键功能

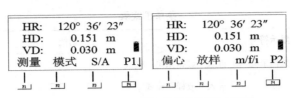

图 2-13　GTS330 全站仪距离测量模式屏幕

坐标测量模式表　　　　　　　　　　　　表2-4

页数	软键	显示符号	功能
1	F1	测量	开始坐标测量
	F2	模式	设置测量模式"精测/粗测/跟踪"
	F3	S/A	设置音响模式
	F4	P1↓	显示第2页软键功能
2	F1	镜高	输入棱镜高
	F2	仪高	输入仪器高
	F3	测站	输入测站点坐标
	F4	P2↓	显示第3页软键功能
3	F1	偏心	偏心测量模式
	F3	m/f/i	单位的转换
	F4	P3↓	显示下一页（第1页）软键功能

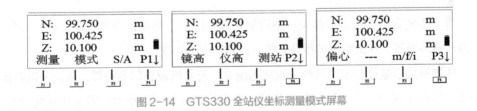

图 2-14　GTS330 全站仪坐标测量模式屏幕

（2）GTS330 全站仪的基本操作

1）全站仪操作规程。

①全站仪应指定专人负责保管。保管人员应按规定时间对其所用电池进行充、放电。若仪器较长时间不用，则应将电池取出放置。仪器使用后应及时做好使用情况的记录。

②仪器操作者应是经过专门培训且成绩合格的人员，严禁未经培训的人员上机操作。仪器使用前，操作者应先仔细阅读操作手册，以便按正确的方法和程序进行操作。操作者应负责仪器的操作及安全等事项。

菜单模式表   表2-5

页数	软键	显示符号	功能
1	F1	数据采集	进入"数据采集"模式
	F2	放样	进入"放样"模式
	F3	存储管理	进入"存储管理"模式
	F4	P↓	显示第2页软键功能
2	F1	程序	进入"悬高测量""对边测量"等特殊测量程序
	F2	格网因子	进入"格网因子"设置
	F3	照明	十字丝照明设置
	F4	P↓	显示第3页软键功能
3	F1	参数组1	进行显示读数精度、倾斜改正等参数设置
	F2	对比度调节	调节显示屏对比度
	F4	P↓	显示下一页（第1页）软键功能

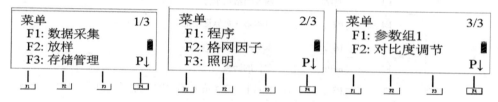

图2-15　GTS330全站仪坐标测量模式屏幕

③学生实训时，指导教师须仔细讲解仪器性能、主要部件及其作用、操作要领，以及注意事项等，并亲临现场指导，负责仪器的安全管理。

④测站应尽量设在安全且便于观测的地方。若必须设在困难地段，则应采取防护措施，以确保仪器安全。测站宜避免设在电磁波干扰较大的地方。若必须在此设站，则测线应离开波源一定距离，以防止电磁波干扰而造成测量结果出错。

⑤仪器应保持干燥，以避免各光学部件发霉及传导组件锈蚀。

⑥安置仪器时，各部件及通信电缆应连接可靠、有效。

⑦照准反射棱镜后，视场内不得有任何发光或反光物体，防止杂波干扰造成信号混乱。

⑧观测过程中，任何情况下都不得直接照准太阳；必要时，应撑遮阳伞，以免太阳光聚焦后烧坏主要部件。

⑨天气炎热时，为确保测量精度，宜撑遮阳伞，避免阳光直射。

⑩迁站时，应装箱搬运，严禁连同脚架一起搬迁。

2）全站仪观测准备及操作步骤。

观测准备工作包括将经过充电后的电池盒装入仪器，在测站上安置脚架，连接仪器。仪器基本操作与光学经纬仪一样，主要操作步骤如下：

①架设仪器。将仪器放置在架头上，使架头大致水平，定三脚架的一条腿在适当位置，两手握住另外两条脚进行移动，同时通过光学或电子对中器观察，使对中器对准点的标志中心，固定这两条脚，旋紧连接螺旋。

②对中。对中的目的是使仪器中心与测站点位于同一铅垂线上，光学或电子对中器的精度较高，不受风力影响，待仪器精确整平后，仍要检查对中情况。只有在仪器整平的条件下，对中器的视线才居于铅垂位置，对中才是正确的。

③整平。仪器整平的目的，是使竖轴居于铅垂位置，水平度盘水平。整平时要先使圆水准气泡居中，以粗略整平，再用管水准器精确整平。

A.粗平：伸缩脚架腿，使圆水准气泡居中。

B.检查并精确对中：检查对中标志是否偏离地面点。如果偏离了，旋松三脚架上的连接螺旋，平移仪器基座使对中标志准确对准测站点的中心，拧紧连接螺旋。

C.精平：旋转脚螺旋，使管水准气泡居中。由于位于照准部上的管水准器只有一个，如图2-16（a）所示，可以先使它与一对脚螺旋连线的方向平行，然后双手以相同速度相反方向旋转这两个脚螺旋，使管水准器的气泡居中，如图2-16（b）所示。再将照准部平转90°，用另外一个脚螺旋使气泡居中。这样反复进行，直至管水准器在任一方向上气泡都居中为止。在整平后还需检查对中是否偏移。如果偏移，则重复上述操作方法，直至水准气泡居中，对中器对中为止。

④瞄准与读数。松开照准部和望远镜的制动螺旋，用粗瞄器初步瞄准目标，如图2-17所示，然后拧紧这两个制动螺旋。调节目镜对光螺旋，看清十字丝，再转动物镜对光螺旋，使望远镜内目标清晰，旋转水平微动和垂直微动螺旋，用十字丝精确

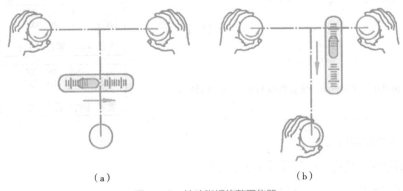

（a）　　　　　　　　　　　（b）

图2-16　转动脚螺旋整平仪器

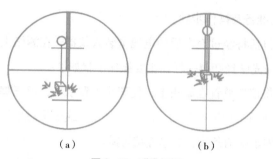

（a）　　　　　　　　（b）

图 2-17　瞄准目标

照准目标,并消除视差,然后读数。全站仪读数时在操作面板上按 POWER 键打开电源,屏幕显示测量模式。"V"所在行是当前视线的天顶距（竖盘读数）,"HR"所在行是水平角（水平度盘读数）。如果此时仪器置平未达到要求,则度盘读数行显示"倾斜超限"警告,应根据水准管气泡重新整平仪器并检查对中情况。

（3）GTS330 全站仪的角度观测

1）水平角和竖直角观测。全站仪开机后进入测量屏幕,盘左位置从测站 O 瞄准目标 A 的觇牌中心,按功能键"置零"使水平度盘读数为 0°00′00″（对此并非必要,仅为便于计算）,天顶距读数为 90°10′20″,屏幕显示见表 2-6；转动照准部瞄准第二个目标 B,水平度盘读数为 160°40′20″,天顶距读数为 98°36′20″。

角度测量模式表　　　　　　　　　　　　表2-6

操作过程	操作	显示
第一步,瞄准第一个目标 A	照准目标 A	V:　　　90° 10′ 20″ HR:　　120° 30′ 40″ 置零　锁定　置盘 P1 ↓
第二步,设置目标 A 的读数为 00°00′00″	【F1】	水平角置零 　>OK? --- ---　　[是]　　[否]
	【F3】	V:　　　90° 10′ 20″ HR:　　0° 00′ 00″ 置零　锁定　置盘 P1 ↓
第三步,瞄准第二个目标 B,显示 B 的 V/H	照准目标 B	V:　　　98° 36′ 20″ HR:　　160° 40′ 20″ 置零　锁定　置盘 P1 ↓

2）水平角的设置。

①通过锁定角度值进行设置（表 2-7）。

②通过键盘输入进行设置（表 2-8）。

角度测量模式表（锁定角度值配置角度）　　表2-7

操作过程	操作	显示
第一步，水平微动螺旋旋转到所需角度	显示度盘	V ：　　　90° 10′ 20″ HR：　　130° 40′ 20″ 置零 锁定 置盘 P1 ↓
第二步，按【F2】键锁定	【F2】	水平角锁定 HR：　　130° 40′ 20″ >设置？ --- ---　　[是]　　[否]
第三步，照准目标	照准	
第四步，按【F3】键完成水平角设置，显示窗变成正常角度测量模式	【F2】	V ：　　　90° 10′ 20″ HR：　　130° 40′ 20″ 置零 锁定 置盘 P1 ↓

角度测量模式表（键盘配置角度）　　表2-8

操作过程	操作	显示
第一步，照准目标	照准	V ：　　　90° 10′ 20″ HR：　　170° 30′ 20″ 置零 锁定 置盘 P1 ↓
第二步，按【F3】键置盘	【F3】	水平角设置 HR： 输入 --- --- 回车 --- --- [CLR] [ENT]
第三步，通过键盘输入所要求的水平角，如70.4020	【F1】 70.4020 【F4】	V ：　　　90° 10′ 20″ HR：　　70° 40′ 20″ 置零 锁定 置盘 P1 ↓

（4）GTS330全站仪的距离测量

1）大气参数的设置。光线在大气中的传播速度并非常数，它随大气温度和压力而改变，设置了大气改正值即可自动对测距结果进行大气改正。

2）棱镜常数的设置。拓普康棱镜常数应设置为零，若不是拓普康棱镜，则必须根据实际情况设置相应的棱镜常数。

3）距离测量（表2-9）。

（5）GTS330全站仪的坐标测量

全站仪的三维坐标测量功能主要用于地形测量的数据采集（细部点坐标测定）。根据测站点和后视点（定向点）的三维坐标或至后视点的方位角，完成测站的定位和定向；按极坐标法测定测站至待定点的方位角和距离，按三角高程测量法测定至待定

距离测量模式

表2-9

操作过程	操作	显示
第一步，照准棱镜中心	照准	V ： 90°10′20″ HR： 120°30′40″ 置零 锁定 置盘 P1↓
第二步，按【◢】键，距离测量开始	【◢】	HR： 120°30′40″ HD* [r] <<m VD： m 测量 模式 S/A P1↓
第三步，显示测量的距离		HR： 120°30′40″ HD* 123.456 m VD： 5.678 m 测量 模式 S/A P1↓
第四步，再次按【◢】，显示为水平角、垂直角和斜距	【◢】	V ： 90°10′20″ HR： 120°30′40″ SD： 131.678m 测量 模式 S/A P1↓

点的高差。开始三维坐标测量之前，须先输入测站点坐标、仪器高和目标高，进行后视点工作定向，然后开始坐标测量工作。

1）测站点坐标设置（表2-10）。

2）仪器高设置（表2-11）。

3）目标高（棱镜高）设置（表2-12）。

4）坐标测量（表2-13）。

坐标测量模式（测站点坐标设置）

表2-10

操作过程	操作	显示
第一步，在坐标测量模式下，按【F4】键，进入第2页功能	【F4】	N： 123.456 m E： 34.567 m Z： 78.912 m 测量 模式 S/A P1↓ - - - - - - - - - - - - 镜高 仪高 测站 P2↓
第二步，按【F3】键（测站键）	【F3】	N→ 0.000 m E： 0.000 m Z： 0.000 m 输入 - - - - - - 回车 - - - - - - [CLR] [ENT]
第三步，输入N坐标	【F3】 输入数据 【F4】	N→ 51.456 m E： 0.000 m Z： 0.000 m 输入 - - - - - - 回车
按同样方法输入E和Z坐标，输入数据后，显示屏返回坐标测量显示	【F3】 输入数据 【F4】	N→ 51.456 m E： 34.567 m Z： 78.912 m 测量 模式 S/A P1↓

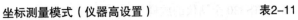

坐标测量模式（仪器高设置）　　表2-11

操作过程	操作	显示
第一步，在坐标测量模式下，按【F4】键，进入第2页功能	【F4】	N: 123.456 m E: 34.567 m Z: 78.912 m 测量 模式 S/A P1 ↓ 镜高 仪高 测站 P2 ↓
第二步，按【F2】键（仪高键），显示当前值	【F2】	仪器高 输入 仪高: 0.000m 输入 —— —— 回车 —— —— [CLR] [ENT]
第三步，输入仪器高	【F3】 输入数据 【F4】	N: 123.456 m E: 34.567 m Z: 78.912 m 测量 模式 S/A P1 ↓

坐标测量模式（目标高设置）　　表2-12

操作过程	操作	显示
第一步，在坐标测量模式下，按【F4】键，进入第2页功能	【F4】	N: 123.456 m E: 34.567 m Z: 78.912 m 测量 模式 S/A P1 ↓ 镜高 仪高 测站 P2 ↓
第二步，按【F1】键（镜高键），显示当前值	【F1】	镜高 输入 镜高: 0.000m 输入 —— —— 回车 —— —— [CLR] [ENT]
第三步，输入棱镜高	【F3】 输入数据 【F4】	N: 123.456 m E: 34.567 m Z: 78.912 m 测量 模式 S/A P1 ↓

坐标测量　　表2-13

操作过程	操作	显示
第一步，设置已知点 A 的方向角	设置方向角	V ： 90° 10′ 20″ HR： 120° 30′ 40″ 置零 锁定 置盘 P1 ↓
第二步，照准目标 B	照准棱镜	
第三步，按【⊿】键开始测量	【⊿】	N* [r] <<m E: m Z: m 测量 模式 S/A P1 ↓
第四步，显示测量结果		N： 123.456m E： 34.567m Z： 78.912m 测量 模式 S/A P1 ↓

（6）GTS330全站仪的放样

放样测量是在实地测设由设计数据所指定的点。全站仪的放样测量功能如下：根据测站点和后视点已知坐标数据和待放样点坐标数，自动计算并显示出照准点和待放样点的方位角差和距离差，同时也可显示其高差。据此移动目标棱镜，使上述三项差值为零或在容许范围以内。已知控制点坐标数据和放样点坐标数据可由输入键输入，也可通过计算机由 RS-232C 端口导入仪器内存。以下介绍按待放样点的设计坐标和高程进行点位放样的方法。

1）进入放样菜单（表2-14）。

2）测站点坐标输入（表2-15）。

3）后视点坐标输入（表2-16）。

4）放样操作步骤（表2-17）。

进入放样菜单　　　　　　　　　　　　　表2-14

操作过程	操作	显示
第一步，按【MENU】键	【MENU】	菜单　　　　　　　　1/3 F1：数据采集 F2：放样 F3：存储管理　　　P↓
第二步，按【F2】键	【F2】	选择文件 FN： 输入　调用　跳过　回车
第三步，按【F3】键，选择跳过，进入放样操作菜单	【F3】	放样　　　　　　　　1/2 F1：测站点输入 F2：后视 F3：放样　　　　　P↓

测站点坐标输入　　　　　　　　　　　　表2-15

操作过程	操作	显示
第一步，在放样菜单模式下，按【F1】键（测站点输入键），进入坐标输入操作界面	【F1】	测站点 　点号：_____ 输入　调用　坐标　回车
第二步，按【F3】键（坐标键），显示原有坐标	【F3】	N→　　　　0.000m E：　　　　0.000m Z：　　　　0.000m 输入　---　点号　回车
第三步，按【F1】键（输入键），再按【F3】（CLR键），清除原坐标，输入 N，按【F4】键（ENT键），用同样方法输入 E 和 Z	【F1】 【F3】 输入 【F4】	

后视点坐标输入　　　　　　　　　　　　　　　表2-16

操作过程	操作	显示
第一步,在放样菜单模式下,按【F2】键(后视键),进入后视点坐标输入操作界面	【F1】	后视 　点号:＿＿＿＿＿ 输入　调用　NE/AZ　回车
第二步,按【F3】键(NE/AZ键)	【F3】 【F1】 输入 【F4】	N→　　　　　0.000m E：　　　　　0.000m 输入　---　AZ　回车
第三步,按【F1】键(输入键),输入N,按【F4】键(ENT键),用同样方法输入E	【F1】 输入 【F4】	
第四步,照准后视点	照准后视点	后视 H(B)=　0°00′00″ >照准 ？　　[是][否]
第五步,按【F3】键(是),显示屏回到放样菜单	【F3】	放样　　　　　　　1/2 F1:测站点输入 F2:后视 F3:放样　　　　P↓

放样操作步骤　　　　　　　　　　　　　　　　表2-17

操作过程	操作	显示
第一步,在放样菜单模式下,按【F3】键(放样键)	【F3】	测站点 　点号:＿＿＿＿＿ 输入　调用　坐标　回车
第二步,按【F3】键(坐标键),显示原有坐标	【F3】	N→　　　　　0.000m E：　　　　　0.000m Z：　　　　　0.000m 输入　---　点号　回车
第三步,按【F1】键(输入键),再按【F3】(CLR键),清除原坐标,输入N,按【F4】键(ENT键),用同样方法输入E和Z	【F1】 【F1】 【F3】 输入 【F4】	
第四步,用同样方法输入镜高	【F1】 输入镜高 【F4】	镜高 输入 镜高：　　　　0.000m 输入　---　---　回车
第五步,显示计算放样元素水平距离HD和水平角度HR		计算 　HR=　　90°10′20″ 　HD=　　123.456m 角度　距离　---　---
第六步,照准棱镜,按【F1】键(角度键),转动仪器照准部到dHR=0°00′00″	照准棱镜 【F1】	点号:LP-100 　HR=　　6°20′40″ 　dHR=　23°40′20″ 距离　---　坐标　---

续表

操作过程	操作	显示
第七步，按【F1】键（距离键）	【F1】	HD*[t]　　　　　　　<m dHD:　　　　　　　　 m dZ:　　　　　　　　　 m 模式　角度　坐标　继续
第八步，对准棱镜，显示施测距离 HD 和对准放样点尚差的水平距离 dHD	前后移动棱镜，显示	HD*　　　　143.84m dHD:　　　 −13.34m dZ:　　　　　−0.05m 模式　角度　坐标　继续
第九步，当 dHR 和 dHD 均为 0 时，放样点测设完成	前后移动棱镜，显示	HD*　　　　156.835m dHD:　　　 −3.327m dZ:　　　　 −0.046m 模式　角度　坐标　继续

3. 全站仪（经纬仪）的检验与校正

仪器出厂时，一般都能满足上述几何关系。但在运输或使用过程中由于振动等因素的影响，轴线间可能不满足几何条件。因此，应经常对所用全站仪（经纬仪）进行检验与校正。

仪器须满足下列几个条件：

（1）照准部水准管轴应垂直于竖轴，即 LL ⊥ VV。

（2）视准轴应垂直于横轴，即 CC ⊥ HH；横轴应垂直于竖轴，即 HH ⊥ VV。

（3）十字丝竖丝垂直于横轴；竖盘指标差为零。

（4）光学或电子对中器视准轴的折光轴应与仪器竖轴重合位于铅垂线上。

（5）如今一般仪器售后服务均比较完善，检验校正工作可交由厂家负责。

4. 实训注意事项

（1）全站仪是结构复杂、价格较贵的先进仪器之一，在使用时必须严格遵守操作规程，注意爱护仪器。

（2）在阳光下使用全站仪测量时，一定要撑伞遮阳，严禁将望远镜对准太阳。

（3）仪器、反光镜站必须有人看守。观测时应尽量避免两侧和后面反射物所产生的信号干扰。

（4）开机后先检测信号，停测时随时关机。

（5）更换电池时，应先关闭电源开关。

5. 实训成果提交和实训效果评价

1）要求上交的资料

（1）认识仪器的主要部件，如图 2-18 所示，写出全站仪各部件的名称。

（2）以小组为单位上交全站仪测量记录表（表 2-18）。

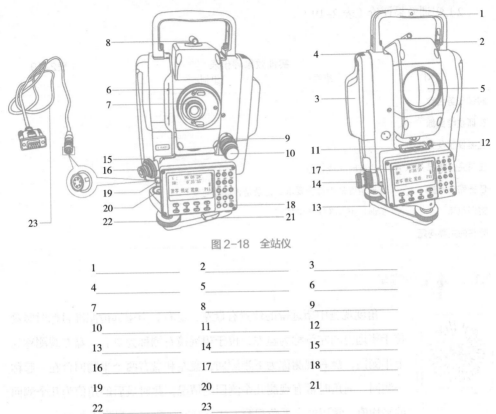

图 2-18 全站仪

1 _____	2 _____	3 _____
4 _____	5 _____	6 _____
7 _____	8 _____	9 _____
10 _____	11 _____	12 _____
13 _____	14 _____	15 _____
16 _____	17 _____	18 _____
19 _____	20 _____	21 _____
22 _____	23 _____	

全站仪测量记录表　　　　　　　　　　　　　　表2-18

日期：____年____月____日　　　天气：_____　　　仪器型号：_____
组号：_____　　　观测者：_____　　　记录者：_____

测站	仪器高（m）	棱镜高（m）	竖盘位置	水平角测量		竖直角测量		距离测量			坐标测量		
				水平度盘读数	水平角值	竖盘读数	竖直角	斜距（m）	平距（m）	高程（m）	x（m）	y（m）	H（m）

2）实训效果评价（表2-19）

实训效果评价表　　　　　　　　　　　表2-19

日期：　　　　　　　班级：　　　　　　　组别：

实训任务名称		
实训技能目标		
主要仪器及工具		
任务完成情况	是否准时完成任务	
任务完成质量	成果精度是否符合要求，记录是否规范完整	
实训纪律	实训是否按教学要求进行	
存在的主要问题		

2.1.2　水平角测量

2-2　水平角测量

角度观测中望远镜的位置有盘左、盘右。当望远镜照准目标时竖盘位于望远镜的左侧称为盘左，位于望远镜右侧称为盘右。盘左观测称为上半测回，盘右观测称为下半测回，盘左和盘右两个半测回合在一起称一测回。测角时常有观测几个测回的情况，此时最后的角值为几个测回的平均值。常用的水平角观测方法有测回法和方向观测法两种。

1. 测回法观测水平角

测回法是观测水平角的一种最基本方法，常用于观测两个方向的单个水平夹角。

当所测的角度只有两个方向时，通常都用测回法观测。如图 2-19 所示，欲测 AB、BC 两方向之间的水平角 $\angle ABC$ 时，在角顶 B 安置仪器，在 A、C 处设立观测标志。经过对中、整平以后，即可按下述步骤观测。

图 2-19　测回法观测水平角

（1）在测站点 B 安置经纬仪（或全站仪），在 A、C 两点竖立测杆或测钎等，作为目标标志。

（2）将仪器置于盘左位置，转动照准部，先瞄准左目标 A，读取水平度盘读数 a_L，设读数为 $0°00'30''$，记入水平角观测手簿表。松开照准部制动螺旋，顺时针转动照准部，瞄准右目标 C，读取水平度盘读数 c_L，设读数为 $98°20'48''$，记入表 2-20 相应栏内。以上称为上半测回，盘左位置的水平角角值（也称上半测回角值）β_L 为：

$$\beta_L = c_L - a_L = 98°20'48'' - 0°00'30'' = 98°20'18''$$

（3）松开照准部制动螺旋，倒转望远镜成盘右位置，先瞄准右目标 C，读取水平度盘读数 c_R，设读数为 $278°21'12''$，记入手簿内。松开照准部制动螺旋，逆时针转动照准部，瞄准左目标 A，读取水平度盘读数 a_R，设读数为 $180°00'42''$，记入表 2-20 相应栏内。以上称为下半测回，盘右位置的水平角角值（也称下半测回角值）β_R 为：

$$\beta_R = c_R - a_R = 278°21'12'' - 180°00'42'' = 98°20'30''$$

上半测回和下半测回构成一测回，取上下半测回平均值为 $98°20'24''$。

（4）对于 DJ$_6$ 型光学经纬仪，如果上、下两半测回角值之差不大于 $\pm 40''$，认为观测合格。此时，可取上、下两半测回角值的平均值作为一测回角值 β。

测回法观测手簿 表2-20

测站	竖盘位置	目标	水平度盘读数 ° ′ ″	半测回角值 ° ′ ″	一测回角值 ° ′ ″	各测回平均值 ° ′ ″	备注
B	左	A	0 00 30	98 20 18	98 20 24	98 20 20	
		C	98 20 48				
	右	A	180 00 42	98 20 30			
		C	278 21 12				
B	左	A	90 00 06	98 20 30	98 20 16		
		C	188 20 36				
	右	A	270 00 54	98 20 02			
		C	8 20 56				

注意：由于水平度盘是顺时针刻划和注记的，所以在计算水平角时，总是逆时针方向相减，即用右目标的读数减去左目标的读数，如果不够减，则应在右目标的读数上加 $360°$，再减去左目标的读数，绝不可以倒过来减。

当测角精度要求较高时，需对一个角度观测多个测回，应根据测回数 n，以 $180°/n$ 的差值，安置水平度盘读数。例如，当测回数 $n=2$ 时，第一测回的起始方向读数可安置在略大于 0° 处；第二测回的起始方向读数可安置在略大于（180°/2）=90°处。各测回角值互差如果不超过 ±24″，取各测回角值的平均值作为最后的角值，记入表 2-20 相应栏内。故测回法观测水平角的限差要求为上、下两半测回角值之差小于 ±40″，各测回角值互差小于 ±24″。

2. 方向观测法

当在同一测站上需要观测三个以上方向时，通常用方向观测法观测水平角。如图 2-20 所示，欲在 O 点一次测出 α，β 和 γ 三个水平角，其观测步骤和计算方法如下。

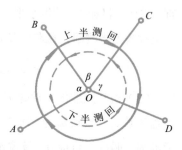

图 2-20　方向观测法

（1）观测步骤。在测站点 O 安置经纬仪（或全站仪）：对中、整平、调焦、照准。

盘左：瞄准 A 点转动测微轮使水平度盘读数为 0°00′00″，并记入表 2-21 内，然后顺时针转动仪器，依次瞄准 B、C、D、A，读记水平度盘读数（表 2-21）。称为上半测回。

盘右：逆时针转动仪器，按 A、D、C、B、A 的顺序依次瞄准目标，读记水平度盘读数（表 2-21）。称为下半测回。

方向观测法测水平角记录手簿　　　　　　　表2-21

日　期：_____　　天　气：_____　　班　级：_____
仪　器：_____　　观测者：_____　　记录者：_____

测站	测回数	目标	读数 盘左			读数 盘右			2c	平均读数=1/2[左+（右±180°）]			归零后的方向值			各测回归零后方向值的平均值		
			°	′	″	°	′	″		°	′	″	°	′	″	°	′	″
										0	02	06						
		A	0	02	00	180	02	06	−6″	0	02	03	0	00	00	0	00	00
		B	96	53	54	276	53	48	+6″	96	53	51	96	51	45	96	51	42
O	1	C	143	33	36	323	33	36	0″	143	33	36	143	31	30	143	31	30
		D	214	07	00	34	07	06	−6″	214	07	03	214	04	57	214	04	59
		A	0	02	12	180	02	06	+6″	0	02	09						
			Δ左=+12			Δ右=00				90	03	08						
		A	90	03	00	270	03	02	−2″	90	03	01	0	00	00			
		B	186	54	38	6	54	56	−18″	186	54	47	96	51	39			
O	2	C	233	34	32	53	34	44	−12″	233	34	38	143	31	30			
		D	304	08	06	124	08	12	−06″	304	08	09	214	05	01			
		A	90	03	14	270	03	14	0	90	03	14						
			Δ左=+14			Δ右=+12												

以上过程为一个测回。当需要观测 n 个测回时,测回数仍按 $180°/n$ 变换起始方向读数。此外,起始于 A 点又终止于 A 点的过程称为归零的方向观测法,又称全圆方向观测法。

（2）观测数据计算。

①计算归零差:起始方向的两次读数的差值称为半测回归零差,以 Δ 表示。例如,表 2-21 中盘左的归零差为 $\Delta_{左}=0°02'12''-0°02'00''=+12''$,盘右的归零差为 $\Delta_{右}=0''$。对 DJ_6 级仪器, Δ 应小于 $\pm 18''$（DJ_2 级不应超过 $\pm 8''$）,否则应查明原因后重测。

②计算两倍照准差:表中 $2c$ 称为两倍照准差。$2c=[$ 盘左读数 $-$（盘右读数 $\pm 180°$）$]$。例如第一测回 OB 方向的 $2c$ 值为:

$$2c=96°51'54''-（276°51'48''-180°）=+6''$$

对 DJ_2 经纬仪,一测回内 $2c$ 的变化范围不应超过 $\pm 9''$;对 DJ_6 级经纬仪,考虑到度盘偏心差的影响, $2c$ 的互差只做自检,不做限差规定。

计算平均方向值:

$$各方向平均读数 = \frac{1}{2}[盘左读数 +（盘右读数 \pm 180°）]$$

例如第一测回 OB 方向的平均方向值为: $\frac{1}{2}[96°53'54''+（276°53'48''-180°）] = 96°53'51''$。由于 OA 方向有两个平均方向值,故还应将这两个平均值再取平均,得到唯一平均值,填在对应列的上端,并用圆括号括起来。如第一测回 OA 方向的最终平均方向值为:

$$\frac{1}{2}（0°02'03''+0°02'09''）=0°02'06''$$

③计算归零后方向值:将起始方向值化为零后各方向对应的方向值称为归零后方向值,即归零后方向值等于平均方向值减去起始方向的平均方向值。如第一测回 OB 方向的归零后方向值为: $96°53'51''-0°02'06''=96°51'45''$。

④计算归零后方向平均值:如果在一测站上进行多测回观测,当同一方向各测回之归零方向值的互差对 DJ_6 级仪器不超过 $\pm 24''$（DJ_2 级不超过 $\pm 9''$）时,取平均值作为结果。例如表 2-21 中 OB 方向两测回的平均归零后方向值为:

$$\frac{1}{2}（96°51'45''+96°51'39''）=96°51'42''$$

⑤计算水平角:任意两个方向值相减,即得这两个方向间的水平夹角。如 OB 与 OC 方向的水平角为: $\angle BOC=143°31'30''-96°51'42''=46°39'48''$。

（3）各型号经纬仪方向观测限差要求,见表 2-22。

方向观测限差的要求　　　　　　　　　　表2-22

经纬仪型号	半测回归零差 "	一测回2c互差 "	同一方向各测回互差 "
DJ$_1$	6	9	6
DJ$_2$	8	13	9
DJ$_6$	18		24

实训 2-2　测回法测量水平角实训

1. 实训目的

（1）掌握用 DJ$_6$ 光学经纬仪（或全站仪）按测回法观测水平角的方法及工作程序。

（2）掌握测回法观测水平角的记录、计算方法和各项限差要求。

2. 实训器材

DJ$_6$ 经纬仪（或全站仪）、花杆、记录板。

3. 实训内容

（1）在一个指定的点上安置仪器。

（2）选择两个明显的固定点作为观测目标或用花杆标定两个目标。

（3）用测回法测定其水平角值。其观测程序如下：

①安置好仪器以后，以盘左位置照准左方目标，并读取水平度盘读数。记录人听到读数后，立即回报观测者，经观测者默许后，立即记入测角记录表中。

②顺时针旋转照准部照准右方目标，读取其水平度盘读数，并记入测角记录表中。

③由①、②两步完成了上半测回的观测，记录者在记录表中要计算出上半测回角值。

④将仪器置盘右位置，先照准右方目标，读取水平度盘读数，并记入测角记录表中。其读数与盘左时的同一目标读数大约相差180°。

⑤逆时针转动照准部，再照准左方目标，读取水平度盘读数，并记入测角记录表中。

⑥由④、⑤两步完成了下半测回的观测，记录者再算出其下半测回角值。

⑦至此便完成了一个测回的观测。如上半测回角值和下半测回角值之差没有超限（不超过 ±40″），则取其平均值作为一测回的角度观测值，也就是这两个方向之间的水平角。

（4）如果观测不止一个测回，而是要观测 n 个测回，那么在每测回要重新设置水平度盘起始读数。即对左方目标每测回在盘左观测时，水平度盘应设置 $\frac{180°}{n}$ 的整倍数来观测。

4. 实训注意事项

（1）每人至少测两个测回。

（2）对中误差小于2mm，长水准管气泡偏离不超过一格。

（3）第一测回对零，其他测回应改变180°/n。

（4）前、后半测回角值差不超过40″，各测回角值差不超过24″。

5. 实训成果提交和实训效果评价

（1）要求上交的资料（表2-23）。

（2）实训效果评价（表2-24）。

测回法水平角观测记录表 表2-23

日期：___年___月___日　　仪器型号：_____　　观测者：_____

时间：_____　　　　　天气：_____　　　记录者：_____

测站	目标	竖盘位置	水平度盘读数 ° ′ ″	半测回角值 ° ′ ″	一测回角值 ° ′ ″	各测回平均值 ° ′ ″	备注

实训效果评价表 表2-24

日期： 班级： 组别：

实训任务名称		
实训技能目标		
主要仪器及工具		
任务完成情况	是否准时完成任务	
任务完成质量	成果精度是否符合要求，记录是否规范完整	
实训纪律	实训是否按教学要求进行	
存在的主要问题		

实训 2-3 方向观测法测量水平角实训

1. 实训目的

（1）掌握用 DJ_6 或 DJ_2 光学经纬仪（或全站仪）按方向观测法观测水平角的方法及工作程序。

（2）掌握方向观测法观测水平角的记录、计算方法和各项限差要求。

2. 实训器材

DJ_6 或 DJ_2 光学经纬仪（或全站仪）、花杆、记录板。

3. 实训内容

（1）各组选择四个方向目标，每人至少观测一个测回，在测站点安置经纬仪，选取一方向作为起始零方向，如选择 A 方向作为起始零方向。

（2）盘左位置照准 A 方向，并拨动水平度盘变换手轮，将 A 方向的水平度盘读数设置在 $00°00'00''$ 附近，然后顺时针转动照准部 1~2 周，重新照准 A 方向并读取水平度盘读数，记入方向观测法记录表中。

（3）按顺时针方向依次照准 B、C、D 方向，并读取水平度盘读数，将读数值分别记入记录表中。

（4）继续旋转照准部至 A 方向，再读取水平度盘读数，检查归零差是否合格。

（5）盘右位置观测前，先逆时针旋转照准部 1~2 周后再照准 A 方向，并读取水平度盘读数，记入记录表中。

（6）按逆时针方向依次照准 D、C、B 方向，并读取水平度盘读数，将读数值分别记入记录表中。

（7）逆时针继续旋转至 A 方向，读取零方向 A 的水平度盘读数，并检查归零差和 $2c$ 互差。

4. 实训注意事项

（1）每人至少观测一个测回，换人可以不重新安置仪器。

（2）半测回归零差、各测回同一归零方向值的互差要求详见表 2-22。

（3）为了提高测角精度，减少度盘刻划误差的影响，各测回起始方向的度盘读数位置应均匀地分布在度盘和测微尺的不同位置上，根据不同的测量等级和使用的仪器，每测回起始方向盘左的水平度盘读数应设置为 $\dfrac{180°}{n}$ 的整倍数。

5. 实训成果提交和实训效果评价

（1）要求上交的资料（表 2-25）。

方向观测法观测手簿　　　　　　　表2-25

测站	测回数	目标	水平度盘读数		2c	平均读数	归零后方向值	各测回归零后方向平均值
			盘左	盘右				
			° ′ ″	° ′ ″	″	° ′ ″	° ′ ″	° ′ ″
1	2	3	4	5	6	7	8	9

续表

测站	测回数	目标	水平度盘读数		2c	平均读数	归零后方向值	各测回归零后方向平均值
			盘左	盘右				
			° ′ ″	° ′ ″	″	° ′ ″	° ′ ″	° ′ ″

（2）实训效果评价（表2-26）。

实训效果评价表　　　　　　　　　　　　　　　　　　表2-26

日期：　　　　　　　班级：　　　　　　　组别：

实训任务名称	
实训技能目标	
主要仪器及工具	
任务完成情况	是否准时完成任务
任务完成质量	成果精度是否符合要求，记录是否规范完整
实训纪律	实训是否按教学要求进行
存在的主要问题	

2.1.3　竖直角测量

1. 竖盘注记

2-3　竖直角测量

光学经纬仪的竖直度盘注记从0°~360°进行分划，分为顺时针注记和逆时针注记两种。国内电子经纬仪一般为顺时针注记。竖盘读数指标的正确位置是：当望远镜处于盘左位置并且水平、竖盘指标水准管气泡居中时，竖盘指标指向90°，读数窗中的竖盘读数应为90°；当望远镜处于盘右位置并且水平、竖盘指标水准管气泡居中时，读数窗中的竖盘读数应为270°。望远镜处于水平时，不同仪器型号设计为0°、180°或90°、270°，如为便于竖直角计算，全站仪望远镜处于盘左位置并且水平时读数显示为0°。

因此不管是光学经纬仪还是电子经纬仪、全站仪在观测竖直角时，使用前需留意望远镜处于水平时的读数，判断竖直角计算方式。判断方法如图2-21所示。

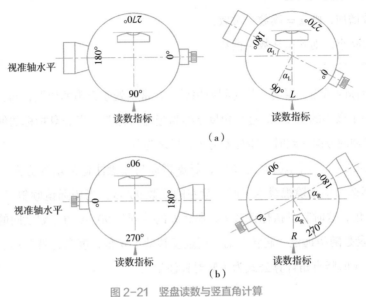

图2-21 竖盘读数与竖直角计算
（a）盘左；（b）盘右

2. 竖直角计算

以光学经纬仪为例，若采用如图2-21所示的顺时针竖盘注记，观测时读数为竖角值方向值，要把盘左、盘右的读数改算成竖角值。现在假设望远镜水平，置于盘左的位置，竖盘指标水准管气泡居中，此时竖盘指标应指向90°。然后转动望远镜瞄准目标，竖盘也会一起转动，竖盘指标就会指向一个新的分划L。根据竖直角的定义，竖直角α是目标方向与水平方向的夹角，需满足竖角值仰角值为正，俯角值为负。可推断计算公式为：

$$\begin{cases} \alpha_{左} = 90^\circ - L \\ \alpha_{右} = R - 270^\circ \end{cases} \tag{2-3}$$

式中，L为竖盘盘左读数，R为竖盘盘右读数。

如果用盘左和盘右瞄准同一目标测量竖直角，就构成了一个测回，这个测回的竖直角就是盘左盘右的平均值。

$$\alpha = \frac{1}{2}(\alpha_{左} + \alpha_{右}) = \frac{1}{2}[(R - L) - 180^\circ] \tag{2-4}$$

竖直角计算公式的判断法则：

（1）首先将望远镜大致安置于水平位置，然后从读数窗中看起始读数，这个起始读数应该接近于一个常数，比如90°、270°。

（2）然后抬高望远镜：

若读数增加，则 α ＝读数－常数；

若读数减小，则 α ＝常数－读数。

3. 竖盘指标差

竖盘指标因运输、振动、长时间使用后，常常不处于正确的位置，与正确位置之间会相差一个微小的角度 x。这个角度 x 称为竖盘指标差。当竖盘指标的偏移方向与竖盘注记增加的方向一致时，指标差为正，反之为负。

如图 2-22（a）所示的盘左图像，竖盘指标与竖盘注记的增加方向一致，指标差为正。那么当望远镜视线水平时，盘左的读数 90°+x，当望远镜倾斜了一个 α 角，α 就是竖直角，这时竖盘指标读数 L。那么 L 的分划与 90°+x 的分划之间的夹角就是 α，因为度盘是随望远镜一起转动的，望远镜转动了 α 角，度盘也就转动了 α 角。故存在指标差 x 时竖直角计算公式为（顺时针注记）：

$$\begin{cases} \alpha_{左} = 90^{\circ} - (L - x) \\ \alpha_{右} = (R - x) - 270^{\circ} \end{cases} \qquad (2-5)$$

盘左、盘右观测的竖直角取平均为：

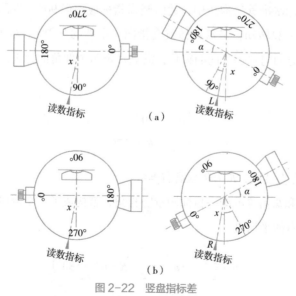

图 2-22　竖盘指标差
（a）盘左；（b）盘右

$$\alpha = \frac{1}{2}(\alpha_{左} + \alpha_{右}) = \frac{1}{2}[(R-L) - 180°]$$ （2-6）

在此公式中，指标差被抵消了。由此看出：采用盘左、盘右观测取平均值可消除竖盘指标差的影响。两式相减，可得指标差计算公式为：

$$x = \frac{L + R - 360°}{2}$$ （2-7）

4. 竖直角观测与记录计算

竖直角观测的操作程序如下：

（1）测站上安置仪器，对中和整平后量取仪器高。

（2）盘左瞄准目标，转动竖盘指标水准管微动螺旋，使竖盘指标水准管气泡居中，读取竖盘读数 L 并将观测数据记到表 2-27。

竖直角观测记录表　　　　　　　　　　　　　　表2-27

测站	目标	竖盘	竖盘读数 ° ′ ″	半测回垂直角 ° ′ ″	一测回垂直角 ° ′ ″	备注
A	B	左	72 36 12	17 23 48	17 23 46	
		右	287 23 44	17 23 44		
	C	左	88 15 52	1 44 08	1 44 07	
		右	271 44 06	1 44 06		
	D	左	102 50 32	−12 50 32	−12 40 36	
		右	257 09 20	−12 50 40		

（3）倒镜，盘右瞄准目标，使气泡居中，读取读数 R 并将观测数据记到表 2-27 中。

（4）计算竖直角及竖盘指标差。

（5）若进行 n 次观测，则重复（2）~（4）步，取各测回竖直角的平均值。

（6）检核：指标差互差 ≤ 15″。

实训2-4　竖直角观测实训

1. 实训目的

了解竖直度盘的构造特点，学会竖直角的观测、计算以及竖盘指标差计算。

2. 实训器材

DJ_6 或 DJ_2 光学经纬仪（或全站仪）、花杆、记录板。

3. 实训内容

（1）在测站点上安置经纬仪，对中整平并量取仪器高。

（2）在盘左位置使望远镜视线大致水平。竖盘指标所指读数 90° 即为盘左时的竖盘始读数，记作 L。同样，盘右位置看盘右时的竖盘始读数，记作 R。

（3）在盘左位置将望远镜物镜端抬高，即当视准轴逐渐向上倾斜时，观察竖盘读数是增加还是减少，借以确定竖直角和指标差的计算公式。

①当望远镜物镜抬高时，如竖盘读数逐渐减少，则竖直角计算公式为：

$$\begin{cases} \alpha_{左} = 90° - L \\ \alpha_{右} = R - 270° \end{cases}$$

$$\alpha = \frac{1}{2}(\alpha_{左} + \alpha_{右}) = \frac{1}{2}(R - L - 180°)$$

$$x = \frac{1}{2}(\alpha_{左} - \alpha_{右}) = \frac{1}{2}(L + R - 360°)$$

②必须注意，指标差值有正有负，盘左位置观测时用 $\alpha_{左} = 90° - (L-x)$，盘右观测用 $\alpha_{右} = (R-x) - 270°$。

（4）用测回法测定竖直角，其观测程序如下：

①安置好经纬仪后，盘左位置照准目标，转动竖盘指标水准管微动螺旋，使水准管气泡居中（符合气泡影像）后，读取竖直度盘的读数 L。记录者将读数值 L 记入竖直角测量记录表中。

②根据竖直角计算公式，在记录表中计算出盘左时的竖直角 $\alpha_{左}$。

③再用盘右位置照准目标，转动竖盘指标水准管微动螺旋，使水准管气泡居中（符合气泡影像）后，读取其竖直度盘读数 R。记录者将读数值 R 记入竖直角测量记录表中。

④根据竖直角计算公式，在记录表中计算出盘右时的竖直角 $\alpha_{右}$。

⑤计算一测回竖直角值和指标差。

4. 实训成果提交和实训效果评价

（1）要求上交的资料（表 2-28）。

（2）实训效果评价（表 2-29）。

竖直角观测记录表　　　　　　　　　　表2-28

测站	目标	竖盘	竖盘读数	半测回垂直角	一测回垂直角	备注
			° ′ ″	° ′ ″	° ′ ″	

实训效果评价表　　　　　　　　　　表2-29

日期：　　　　　　班级：　　　　　　组别：

实训任务名称		
实训技能目标		
主要仪器及工具		
任务完成情况	是否准时完成任务	
任务完成质量	成果精度是否符合要求，记录是否规范完整	
实训纪律	实训是否按教学要求进行	
存在的主要问题		

任务 2.2 距离测量

2.2.1　钢尺量距与直线定线、光电测距

1. 钢尺量距与直线定线

（1）钢尺量距

钢尺通常由薄碳钢带制成，其宽度为1~1.5cm，长度有20m、30m、50m三种。其基本分划为厘米，一般全长刻有毫米分划，米和分米刻划处有数字注记，如图2-23所示。根据尺的零点位置不同，有端点尺和

2-4　距离测量

刻线尺之分。钢尺量距的方法与普通卷尺量距方法相同，只是在较精密的距离丈量中还需用到温度计、弹簧秤等工具。配套工具包括测杆、测钎、垂球等。量距时，将测钎插入地面，用以标定尺端点的位置，亦可作为近处目标的瞄准标志。垂球用金属制成，上大下尖呈圆锥形，上端中心系一细绳，悬吊后，垂球尖与细绳在同一垂线上。它常用于在斜坡上丈量水平距离。弹簧秤和温度计等将在精密量距中应用。

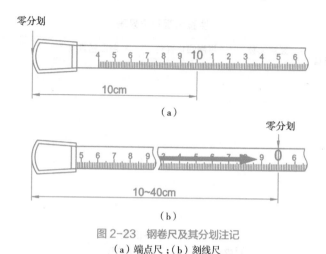

图 2-23　钢卷尺及其分划注记
（a）端点尺；（b）刻线尺

　　钢尺的优点：钢尺抗拉强度高，不易拉伸，所以量距精度较高，在工程测量中常用钢尺量距。

　　钢尺的缺点：钢尺性脆，易折断，易生锈，使用时要避免扭折、防止受潮。

　　钢尺的长度会因外界环境的变化，如温度、湿度等以及测量时拉力的大小不同而改变。为了将这些变化量改正到丈量成果中，就必须对钢尺的长度加以改正。在一定拉力下，用以温度为自变量的函数来表示在某一温度时钢尺实际长度，该函数式称作尺长方程式：

$$l_t = l + \Delta l + l \times \alpha \times (t - t_0) \tag{2-8}$$

式中，l_t 为丈量温度时的钢尺实际长度；l 为钢尺刻划上注记的长度，即名义长度；Δl 为钢尺在检定温度时的尺长改正数；α 为钢尺膨胀系数，其值约为 $11.6 \times 10^{-6} \sim 12.5 \times 10^{-6}$；$t_0$ 为钢尺检定温度，又称标准温度，一般取 20℃；t 为丈量时温度。每根钢尺都应有尺长方程式才能测得实际长度，但尺长方程式中的 Δl 会因一些客观因素影响而变化，所以钢尺每使用一定时期后必须重新检定。

　　下面介绍平坦地面上的量距方法。丈量前，先将待测距离的两个端点用木桩（桩顶钉一小钉）标记，清除直线上的障碍物后，一般由两人在两点间边定线边丈量，具体做法如下：

　　1）如图 2-24 所示，量距时，先在 A、B 两点上竖立测杆（或测钎），标定直线方向，然后，后尺手持钢尺的零端位于 A 点，前尺手持尺的末端并携带一束测钎，沿 AB 方向前进，至一尺段长处停下，两人都蹲下。

　　2）后尺手以手势指挥前尺手将钢尺拉在 AB 直线方向上；后尺手以尺的零点对准 A 点，两人同时将钢尺拉紧、拉平、拉稳后，前尺手喊"预备"，后尺手将钢尺零点准

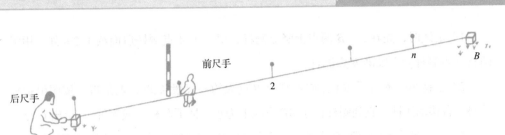

图 2-24　钢尺量距与直线定线

确对准 A 点，并喊"好"，前尺手随即将测钎对准钢尺末端刻划竖直插入地面（在坚硬地面处，可用铅笔在地面划线作标记），得 1 点。这样便完成了第一尺段 A1 的丈量工作。

3）接着后尺手与前尺手共同举尺前进，后尺手走到 1 点时，即喊"停"。同法丈量第二尺段，后尺手拔起 1 点上的测钎。如此继续丈量下去，直至最后量出不足一整尺的余长 q。则 A、B 两点间的水平距离为

$$D_{AB}=n \cdot l+q \qquad\qquad (2\text{-}9)$$

式中，n 为整尺段数（即在 A、B 两点之间所拔测钎数）；l 为钢尺长度；q 为不足一整尺的余长。为了防止丈量错误和提高精度，一般还应由 B 点量至 A 点进行返测，返测时应重新进行定线。取往、返测距离的平均值作为直线 AB 最终的水平距离。

（2）直线定线

水平距离测量时，当地面上两点间的距离超过一整尺长时，或地势起伏较大，一尺段无法完成丈量工作时，需要在两点的连线上标定出若干个点，这项工作称为直线定线。按精度要求的不同，直线定线有目估定线和经纬仪定线两种方法。现介绍目估定线方法：

如图 2-25 所示，A、B 两点为地面上互相通视的两点，欲在 A、B 两点间的直线上定出 C、D 等分段点。定线工作可由甲、乙两人进行。

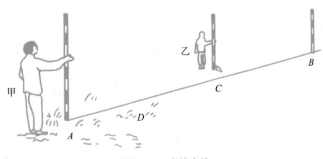

图 2-25　直线定线

1）定线时，先在 A、B 两点上竖立测杆，甲立于 A 点测杆后面约 1~2m 处，用眼睛自 A 点测杆后面瞄准 B 点测杆。

2）乙持另一测杆沿 BA 方向走到离 B 点大约一尺段长的 C 点附近，按照甲指挥手势左右移动测杆，直到测杆位于 AB 直线上为止，插下测杆（或测钎），定出 C 点。

3）乙又带着测杆走到 D 点处，同法在 AB 直线上竖立测杆（或测钎），定出 D 点，依此类推。这种从直线远端 B 走向近端 A 的定线方法，称为走近定线。直线定线一般应采用"走近定线"。

2. 视距测量

视距测量是用望远镜内的视距丝装置，根据光学原理同时测定距离和高差的一种方法。用到的仪器为光学经纬仪和视距尺（或水准尺），而电子经纬仪配有光电测距功能。

视距测量方法具有操作方便、速度快、一般不受地形限制等优点。虽然精度较低（普通视距测量仅能达到 1/300~1/200 的精度），但能满足测定碎部点位置的精度要求。所以视距测量被广泛地应用于地形测图中。

（1）视距测量原理

测量中大都是在视线倾斜的情况下，如在地面起伏较大的地区进行视距测量时，光学经纬仪望远镜视线处于倾斜位置才能瞄准尺子。下面介绍视线倾斜时的水平距离和高差的计算公式（即三角高程测量原理），全站型电子经纬仪进行高差测量的原理为三角高程测量。

如图 2-26 所示，如果我们把竖立在 B 点上视距尺的尺间隔 MN，换算成与视线相垂直的尺间隔 $M'N'$，就可用视线水平时的公式计算出倾斜距离 L。然后再根据 L 和垂直角 α，算出水平距离 D 和高差 h。

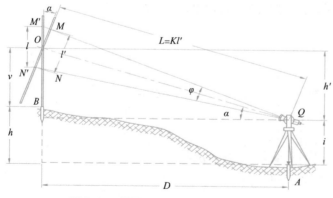

图 2-26　视距尺不垂直于视线时视距测量

B 点高出 A 点，虽然视距尺铅直，但是倾斜视线与视距尺仍不垂直，这时在视距尺上的读数就带有误差，所以应对标尺上的读数长度予以改正：

视距尺不垂直于视线的改正：

$$L=Kl'=K \cdot l \cdot \cos\alpha \qquad (2-10)$$

视线倾斜改正：

$$D=L \cdot \cos\alpha$$

经这两项的改正后水平距离应为：

$$D=K \cdot l \cdot \cos^2\alpha \qquad (2-11)$$

式中，K 为视距乘常数，现代常用的望远镜通常取 $K=100$。

高差计算公式：

$$h_{AB}=D\tan\alpha+i-v \qquad (2-12)$$

式中，D 为水平距离；α 为竖直角；i 为仪器高；v 为目标高。

（2）视距测量步骤与计算

1）如图 2-26 所示，在 A 点安置经纬仪，量取仪器高 i，在 B 点竖立视距尺。

2）在盘左（或盘右）位置，转动照准部瞄准 B 点视距尺，分别读取上、下、中三丝读数，并算出尺间隔 l。

3）转动竖盘指标水准管微动螺旋，使竖盘指标水准管气泡居中，读取竖盘读数，并计算垂直角 α。

4）根据尺间隔 l、垂直角 α、仪器高 i 及中丝读数 v，计算水平距离 D 和高差 h。

3. 光电测距

前面介绍的测距方法中，钢尺量距的速度慢，而且在一些地区使用起来困难，如山地、沼泽地区。而视距测量的精度又太低。因此人们需要采用另外的方法进行距离测量。随着电子技术的发展，在 20 世纪 40 年代末人们发明了电磁波测距仪。所谓电磁波测距是用电磁波（光波或微波）作为载波，传输测距信号，以测量两点间距离的一种方法。电磁波测距具有测程长、精度高、作业快、工作强度低、不受地形限制等优点。

如图 2-27 所示，光电测距是利用光波的传播速度 c，测定它在两点间的传播时间 t，以计算两点间的距离：

$$D= \frac{1}{2} ct \qquad (2-13)$$

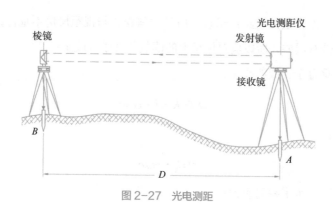

图 2-27 光电测距

其中由于采用测时的工作原理的不同，光电测距仪又可分为脉冲式测距仪和相位式测距仪两种。

实训 2-5　经纬仪视距测量与三角高程测量实训、全站仪光电测距实训

1. 实训目的

（1）掌握经纬仪视距测量观测及计算方法。

（2）掌握三角高程测量原理与施测、计算方法。

（3）掌握全站型电子经纬仪光电测距。

2. 实训器材

光学经纬仪、全站仪、视距尺（或水准尺）、计算器、花杆、记录板。

3. 实训内容

（1）经纬仪视距测量步骤

①将经纬仪安置在测站点上，对中、整平后，量取仪器高至厘米位。

②在待测点上竖立视距尺。转动仪器照准部照准视距尺，在望远镜中分别用上、下、中丝读得读数算得视距间隔和标尺高 v；再使竖盘指标水准管气泡居中，在读数显微镜中读取竖盘读数，根据竖盘读数算得竖角。竖直角读数到分，水平距离计算至 0.1m，高差计算至 0.01m。并将观测数据记录到表格相应位置。利用视距公式和高差计算公式计算水平距离 D 和高差 h。

$$D=kl \cdot \cos^2\alpha$$
$$h=i+D\tan\alpha-v$$

（2）全站仪光电测距。详见项目实训任务，全站仪操作中距离测量部分的内容。

（3）手持式测距仪的使用

①参考如图2-28所示的手持测距仪示意图，了解各按钮的名称和作用。

②将手持式测距仪安装电池并开机。

③将手持式测距仪稳定后按下激光测距按钮打开激光器，在目标点位上架设觇板。

④调整测距仪使激光照射在觇板上，并使测距仪内部管状水准气泡大致居中。

⑤再次按下激光测距按钮，仪器进行距离测量。读取显示屏上的读数并记录。

⑥对目标进行多次量测，满足限差后取平均值。

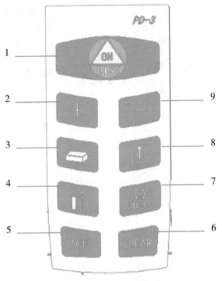

图2-28　手持测距仪示意图

1—开启/测量键；2—加键；3—面积/体积键；
4—测量参考键；5—关机键；6—清除键；
7—单位/显示屏照明键；8—读存储数据键；
9—减键

4. 实训成果提交和实训效果评价

（1）要求上交的资料（表2-30和表2-31）。

（2）实训效果评价（表2-32）。

2.2.2　直线定向、坐标方位角及其推算

在测量中，常常需要两点间平面位置的相对关系。除了测定两点间的距离外，还需要确定两点所连直线的方向。

经纬仪视距测量观测数据记录　　　　　　　　　　　表2-30

测点	尺上读数		视距间隔	竖直角（α）			高　差（m）			水平距离（D）	测点高程（H）	备注
	中丝（v）	下丝 上丝		竖盘读数	竖直角	改正后竖直角	$D\tan\alpha$（初算值）	$i-v$	h			
A												
B												
C												

备注：本表也适合经纬仪三角高程测量。

全站仪光电测距观测记录 表2-31

日　　期_____　仪器及编号_____　观测者_____
天　　气_____　竖盘指标差_____　记录者_____

测站	测点	斜距（m）	竖盘读数	竖直角α	显示平距（m）	显示高差	
仪高	觇高		° ′ ″	° ′ ″		+	−
1	2	3	4	5	6	7	

实训效果评价表 表2-32

日期：　　　　　班级：　　　　　组别：

实训任务名称		
实训技能目标		
主要仪器及工具		
任务完成情况	是否准时完成任务	
任务完成质量	成果精度是否符合要求，记录是否规范完整	
实训纪律	实训是否按教学要求进行	
存在的主要问题		

1. 直线定向

2-5　直线定向

　　确定一条直线的方向称为直线定向，进行直线定向首先要选定一个标准方向，作为直线定向的依据。直线的方向也是确定地面点位置的基本要素之一，所以直线方向的测量也是基本的测量工作。确定直线方向首先要有一个共同的基本方向，此外要有一定的方法来确定直线与基本方向之间的角度关系。

　　（1）直线定向的标准方向。测量工作中常采用真子午线、磁子午线、坐标纵轴作为标准方向。

　　①真北方向。过地球上某点的真子午线的切线北端所指示的方向，称为真北方向。真北方向可采用天文观测方法、陀螺经纬仪和GPS来测定。

②磁子午线方向。磁针自由静止时其北端所指的方向，称为磁北方向。磁北方向可用罗盘来确定。

③坐标纵轴方向。坐标纵轴（X轴）正向所指示的方向，称为坐标北方向。不同点的真子午线方向或磁子午线方向都是不平行的，这使直线方向的计算很不方便。采用坐标纵轴正向作为基本方向，这样各点的基本方向都是平行的，方向的计算十分方便。实际上常取与高斯平面直角坐标系中 X 轴平行的方向作为坐标北方向。

（2）子午线收敛角和磁偏角。

①子午线收敛角。过一点的真北方向与坐标纵轴北方向之间的夹角称为该点的子午线收敛角，用符号 γ 表示。γ 的符号规定为：当坐标纵轴方向的北端偏向真北方向以东时，γ 为"+"，当坐标纵轴方向的北端偏向真北方向以西时，γ 为"−"。

②磁偏角。由于地球的磁极与地球的南北两极并不一致，所以地面上同一点的磁北方向与真北方向不能一致，其夹角称为磁偏角，用符号 δ 表示。δ 的符号规定为：磁北方向在真北方向以东时为东偏，δ 定为"+"，磁北方向在真北方向以西时为西偏，δ 定为"−"。磁偏角的大小随地点、时间而异，在我国磁偏角的变化约在 $-10°$（东北地区）到 $+6°$（西北地区）之间。由于地球磁极的位置不断地在变动，以及磁针受局部吸引等影响，所以磁子午线方向不宜作为精确定向的基本方向。但由于用磁子午线定向方法简便，所以在独立的小区域测量工作中仍可采用。

（3）方位角。确定直线方向就是确定直线和基本方向之间的角度关系，有下面两种方法：

由标准方向的北端起，顺时针方向度量至该直线的水平角称为该直线的方位角，方位角的取值范围为 $0°\sim360°$。确定一条直线的方位角，首先要在直线的起点定出基本方向。如果以真北方向作为基本方向，那么得出的方位角称真方位角，用 A 表示；如果以磁北方向为基本方向，则其方位角称为磁方位角，用 A_m 表示；如果以坐标纵轴北方向为基本方向，则其角称为坐标方位角，用 α 表示。由于一点的真子午线方向与磁子午线方向之间的夹角是磁偏角 δ，真子午线方向与坐标纵轴方向之间的夹角是子午线收敛角 γ，如图 2-29 所示，真方位角、磁方位角和坐标方位角之间有如下关系式：

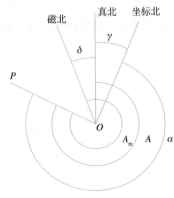

图 2-29 三种方位角的关系

$$A=A_m+\delta \tag{2-14}$$

$$A=\alpha+\gamma \qquad (2-15)$$

$$\alpha=A_m+\delta-\gamma \qquad (2-16)$$

2. 坐标方位角及其推算

（1）坐标方位角与象限角。坐标北标准（X轴北）方向顺时针转到直线所夹的水平角称为坐标方位角，取值范围为 0°~360°。直线与基本方向所构成的锐角称为该直线的象限角，象限角用 R 表示。象限角的取值范围为 0°~90°。两者之间存在相互换算关系（表 2-33）。

象限角和坐标方位角换算 表2-33

Δx	Δy	象限	坐标方位角
+	+	I	$\alpha=R$
−	+	II	$\alpha=180°-R$
−	−	III	$\alpha=180°+R$
+	−	IV	$\alpha=360°-R$

（2）坐标方位角的推算。在控制网平差计算中，必须进行坐标方位角的推算和平面坐标的正、反算。

①正、反坐标方位角。一条直线有正反两个方向，在直线起点量得的直线方向称直线的正方向，反之在直线终点量得该直线的方向称直线的反方向。如图 2-30 所示，直线由 P_1 点到 P_2 点，在起点 P_1 得直线的方位角为 α_{12}，表示直线 12 方向的坐标方位角，而在终点 P_2 得直线的方位角为 α_{21}，表示直线 21 方向的坐标方位角。α_{12} 和 α_{21} 互为正、反坐标方位角。若 α_{12} 为正方位角，则称 α_{21} 是反方位角。

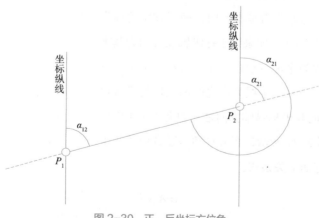

图 2-30 正、反坐标方位角

由于在同一高斯平面直角坐标系内各点处坐标北方向总是平行的，所以一条直线的正、反坐标方位角相差180°。同一直线的正、反真方位角的关系为：

$$\alpha_{12}=\alpha_{21}\pm180° \tag{2-17}$$

②坐标方位角的推算。如图 2-31 所示，α_{12} 为起始方位角。β_2 转折角为右角，推算 2-3 边的坐标方位角为：

$$\alpha_{23}=\alpha_{12}+180°-\beta_2 \tag{2-18}$$

可以得到用右角推算方位角的一般公式为：

$$\alpha_{前}=\alpha_{后}+180°-\beta_{右} \tag{2-19}$$

式中，$\alpha_{前}$ 为前一条边的方位角，$\alpha_{后}$ 为后一条边的方位角。

如图 2-32 所示，α_{12} 为起始方位角。β_2 转折角为左角，推算 2-3 边的坐标方位角为：

$$\alpha_{23}=\alpha_{12}+\beta_2-180° \tag{2-20}$$

观测角度为左角时，推算方位角的一般式为：

$$\alpha_{前}=\alpha_{后}+\beta_{左}-180° \tag{2-21}$$

必须注意，推算出的方位角如大于 360°，则应减去 360°，若出现负值时，则应加上 360°。

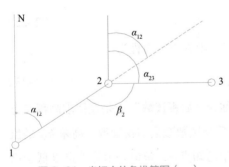

图 2-31　坐标方位角推算图（一）

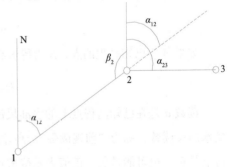

图 2-32　坐标方位角推算图（二）

任务 2.3　高程测量

测量高程常用的方法主要有四种：

①水准测量是测定两点间高差的主要方法，也是最精密的方法，主要用于建立国家或地区的高程控制网，适用于地势较平坦地区，在建筑工程测量中应用广泛。

②三角高程测量是确定两点间高差的简便方法，不受地形条件限制，传递高程迅速，但精度低于水准测量，也是全站仪的高程测量原理，其在建筑工程测量项目中应用广泛。

③气压高程测量是根据大气压力随高度变化的规律，用气压计测定两点的气压差，推算高层的方法。精度较低主要用于丘陵地和山区的勘测工作。

④GPS 高程测量。利用 GPS 求得地面点在 WGS–84 坐标系中的大地高，而我国高程采用正常高。要想使 GPS 高程在工程实际中得到应用，必须实现 GPS 大地高向我国正在使用的正常高转化。

2.3.1 水准测量原理、仪器的认识与使用

1. 水准测量的工作原理

2-6 水准测量原理

水准测量的原理是借助水准仪提供的水平视线，配合水准尺测定地面上两点间的高差，然后根据已知点的高程来推求未知点的高程。如图 2-33 所示，为了求出 A、B 两点的高差 h_{AB}，在 A、B 两个点上竖立水准尺，并在 A、B 两点之间安置可提供水平视线的水准仪。当视线水平时，在 A、B 两个点的标尺上分别读得读数 a 和 b，则 A、B 两点的高差等于两个标尺读数之差。即：

$$h_{AB}=a-b \tag{2-22}$$

如果 A 为已知高程的点，B 为待求高程的点，则 B 点的高程为：

$$H_B=H_A+h_{AB} \tag{2-23}$$

读数 a 是在已知高程点上的水准尺读数，称为"后视读数"；b 是在待求高程点上的水准尺读数，称为"前视读数"。高差必须是后视读数减去前视读数。高差 h_{AB} 的值可能是正，也可能是负，正值表示待求点 B 高于已知点 A，负值表示待求点 B 低于已知点 A。此外，高差的正负号又与测量进行的方向有关，例如图 2-33 中测量由 A 向 B 进行，高差用 h_{AB} 表示，其值为正；反之由 B 向 A 进行，则高差用 h_{BA} 表示，其值为负。所以说明高差时必须标明高差的正负号，同时要说明测量进行的方向。

2. 未知点高程的计算

（1）高差法。如图 2-33 所示，B 点（未知点）的高程等于 A 点（已知点）的高程加上两点间的高差，即：

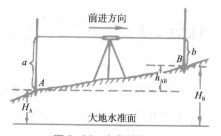

图 2-33 水准测量原理

$$H_B=H_A+h_{AB}=H_A+（a-b）\tag{2-24}$$

上式就是由高差来计算未知点高程。式中 $a-b$ 为两点高差。

（2）视线法。如图 2-33 所示，A 点高程加后视读数等于仪器视线的高程，设视线高程为 H_i，即 $H_i=H_A+a$，则 B 点高程等于视线高程减去前视读数，即：

$$H_B=H_i-b=H_A+a-b\tag{2-25}$$

这就是由视线高程计算未知点高程。式中 H_A+a 为视线高程。

3. 水准测量的方法

当两点相距较远或高差太大时，可分段连续进行，如图 2-34 所示，可知 A、B 两点间高差为：

$$
\begin{aligned}
h_1 &= a_1 - b_1 \\
h_2 &= a_2 - b_2 \\
&\cdots\cdots \\
h_n &= a_n - b_n \\
\hline
h_{AB}=\sum h &= \sum a - \sum b
\end{aligned}
\tag{2-26}
$$

即两点的高差等于连续各段高差的代数和，也等于后视读数之和减去前视读数之和，同时用 $\sum h$ 和 $\sum a-\sum b$ 进行计算检核结果是否有误。图 2-34 中置仪器的点 Ⅰ、Ⅱ…称为测站。立标尺的点 1、2…称为转点，它们在前一测站先作为前视点，然后在下一测站再作为后视点，转点起传递高程的作用。

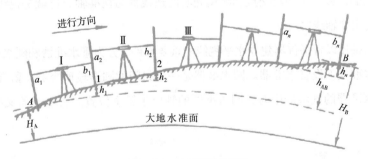

图 2-34　水准测量的方法

4. 水准测量仪器

目前常用的水准仪从构造上可分为两大类：利用水准管来获得水平视线的"微倾式水准仪"；另一类是利用自动补偿器来获得水平视线的"自动安平水准仪"。此外还有新型水准仪——电子水准仪、激光水准仪等，使测量更加方便、快捷。目前，自动安平水准仪操作简便，在工程建设和测绘领域应用广泛，如当前电子水准仪一般设有自动安平装置。

我国的水准仪一般有 DS_{05}、DS_1、DS_3 和 DS_{10} 几个等级。D 是大地测量仪器的代号，S 是水准仪的代号。下标的数字表示仪器的精度。其中 DS_{05} 和 DS_1 属于精密水准仪，DS_3 属于一般水准仪，DS_{10} 则用于简易水准测量。

（1）DS_3 型微倾式水准仪。DS_3 微倾式水准仪如图 2-35 所示，由以下三个主要部分组成：

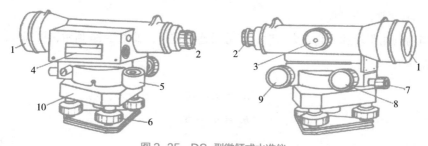

图 2-35　DS_3 型微倾式水准仪

1- 物镜；2- 目镜；3- 调焦螺旋；4- 管水准器；5- 圆水准器；6- 脚螺旋；7- 制动螺旋；8- 微动螺旋；
9- 微倾螺旋；10- 基座

望远镜——由物镜、目镜、水准管轴组成，提供视线，并可读出远处水准尺上的读数；

水准器——用于指示仪器或视线是否处于水平位置；

基座——用于置平仪器，它支承仪器的上部并能使仪器的上部在水平方向转动。

水准仪上十字丝的图形如图 2-36 所示，水准测量中用它中间的横丝或楔形丝读取水准尺上的读数。十字丝交点和物镜光心的连线称为视准轴，也就是视线。视准轴是水准仪的主要轴线之一。

水准器是用以置平仪器建立水平视线的重要部件，分为管水准器和圆水准器两种，自动安平水准仪不设管水准器。圆水准器是一个封闭的圆形玻璃容器，留有一小圆气泡。当圆水准器的气泡居中时，圆水准器的轴位于铅垂位置。管水准器又称水准管，

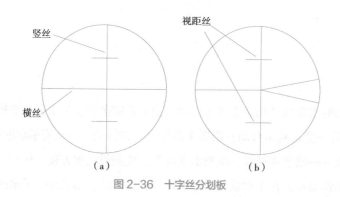

（a）　　　　　　　　　（b）

图 2-36　十字丝分划板

气泡居中时水准管轴位于水平位置，视线水平。当气泡居中时，两端气泡的像就能符合。故这种水准器称为符合水准器，是微倾式水准仪上普遍采用的水准器。

基座起支撑水准仪上部的作用，由轴座、脚螺旋、底板和三角压板构成。转动脚螺旋可调节圆水准器气泡居中，确保仪器竖轴竖直。

（2）自动安平水准仪。自动安平水准仪是指在一定的竖轴倾斜范围内，利用补偿器自动获取视线水平时水准标尺读数的水准仪。是用自动安平补偿器代替管状水准器，在仪器微倾时补偿器受重力作用而相对于望远镜筒移动，使视线水平时标尺上的正确读数通过补偿器后仍旧落在水平十字丝上。用此类水准仪观测时，当圆水准器气泡居中仪器放平之后，不需再经手工调整即可读得视线水平时的读数。它可简化操作手续，提高作业速度，以减少外界条件变化所引起的观测误差。

（3）水准尺和尺垫。水准尺用优质木材或铝合金制成，最常用的有直尺、塔尺和折尺三种，如图 2-37 所示。塔尺和折尺多用于普通水准测量，塔尺能伸缩、携带方便，但接合处容易产生误差。水准尺尺面绘有 1cm 或 5mm 黑白相间的分格，米和分米处注有数字。双面尺是一面为黑白相间刻度，另一面为红白相间刻度的直尺，每两根为一对。两根的黑面都以尺底为零，而红面常用的尺底刻度分别为 4.687m 和 4.787m。

尺垫是用于转点上的一种工具，用钢板或铸铁制成，如图 2-38 所示。使用时把三个尖脚踩入土中，把水准尺立在突出的圆顶上。尺垫可使转点稳固防止平移和下沉。

5.微倾式水准仪的操作程序

微倾式水准仪的操作程序是：安置水准仪、粗略整平、照准目标、精确整平和读数。

（1）安置水准仪。首先打开三脚架，安置三脚架要求高度适中，架头大致水平并牢固稳妥，在山坡上应使三脚架的两脚在坡下、一脚在坡上。然后把水准仪用中心连接螺旋连接到三脚架上，取水准仪时必须握住仪器的坚固部位，并确认已牢固地连接在三脚架上之后才可放手。

（2）仪器的粗略整平。仪器的粗略整平是用脚螺旋使圆水准器气泡居中。先调节任意两个脚螺旋使气泡移到通过圆水准器零点并垂直于这两个脚螺旋的连线。如图 2-39 所示，气泡自 a 移到 b，如此可使仪器在这两个脚螺旋连线的方向处于水平位置。然后用第三个脚螺旋使气泡居中，使原两个脚螺旋连线的垂线方向也处于水平位置，从而使整

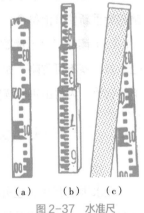

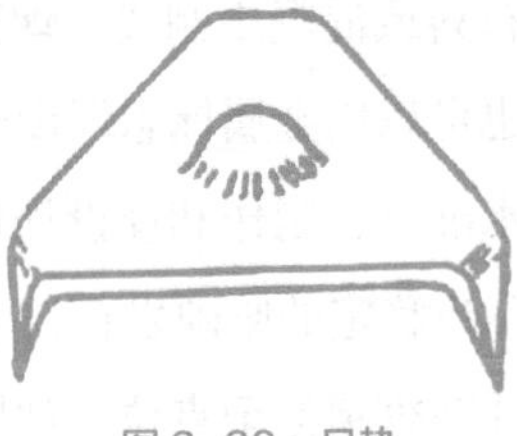

（a）　（b）　（c）
图 2-37　水准尺

图 2-38　尺垫

个仪器置平。如气泡仍有偏离可重复进行。操作时注意以下两点：

一是先旋转其中两个脚螺旋（反方向），然后只旋转第三个脚螺旋；二是气泡移动的方向始终和左手大拇指移动的方向一致。

（3）照准目标。用望远镜照准目标，必须先调节目镜使十字丝清晰。然后利用望远镜上的准星从外部瞄准水准尺，再旋转调焦螺旋使

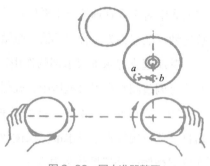

图2-39　圆水准器整平

尺像清晰，也就是使尺像落到十字丝平面上。这两步不可颠倒。最后用微动螺旋使十字丝竖丝照准水准尺，为了便于读数，也可使尺像稍偏离竖丝一些。当照准不同距离处的水准尺时，需重新调节调焦螺旋才能使尺像清晰，但十字丝可不必再调。

照准目标时必须要消除视差。视差是指观测时把眼睛稍作上下移动，如果尺像与十字丝有相对的移动的现象，读数有改变，则表示有视差存在，存在视差时读数不准确。消除视差的方法是调节目镜调焦螺旋和物镜调焦螺旋，直至十字丝和尺像都清晰，不再出现尺像和十字丝有相对移动为止。

（4）微倾式水准仪视线的精确整平。由于圆水准器的灵敏度较低，所以用圆水准器只能使水准仪粗略地整平。因此，微倾式水准仪在每次读数前还必须用微倾螺旋使水准管气泡影像符合、视线精确整平。望远镜每次变动方向后，在读数前，均需用微倾螺旋重新使气泡符合。

（5）读数。每个读数应有4位数，从尺上可读出米、分米和厘米数，然后估读出毫米数。零不可省略，如1.020m、0.027m等。读数前应先认清水准尺的分划，熟悉尺子的读数。为得出正确读数，在读数前后都应该检查水准管气泡是否仍然符合。

2.3.2　普通水准测量实施与成果计算

1. 水准点

在水准测量中，已知高程控制点和待定高程控制点，都称为水准点，记为BM。水准点有永久性和临时性两种。国家等级永久性水准点如图2-40（a）所示，一般用石料或混凝土制成，埋到地面冻土以下，顶面镶嵌不易锈蚀材料制成的半球形标志。也可以用金属标志埋设于稳固的建筑物墙脚上，称为墙上水准点。等级较低的永久性水准点，制作和埋设均可简单些，如图2-40（b）所示。临时性水准点可利用地面上凸出稳定的坚硬岩石、门廊台阶角等，用红色油漆标记；也可用木桩、钢钉等打入地面，并在桩顶标记点位，如图2-40（c）所示。水准点埋设后，应绘出水准点点位与周边

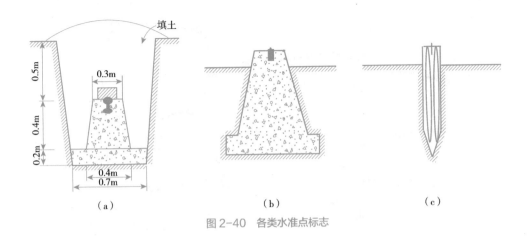

图 2-40　各类水准点标志

明显地物的关系图、编号等信息，称为点之记，以便日后寻找。

2. 水准路线

在水准点间进行水准测量所经过的路线，称为水准路线。相邻两水准点间的路线称为测段。为了便于对水准路线成果正确性的检核，一般水准路线布设形式主要有以下几种形式：

（1）附合水准路线。水准测量从一个已知高程的水准点开始，结束于另一已知高程的水准点。这种路线称为附合水准路线，如图 2-41（a）所示。对于附合水准路线，理论上在两已知高程水准点间所测得各站高差之和应等于起止两水准点间高程之差。如果它们不能相等，其差值称为高差闭合差，用 f_h 表示。所以附合水准路线的高程闭合差为：

$$f_h = \Sigma h - (H_{终} - H_{起})　　　　　（2-27）$$

（2）闭合水准路线。水准测量从一已知高程的水准点开始，最后又闭合到这个水准点上的水准路线称为闭合水准路线，如图 2-41（b）所示。因为它起闭于同一个点，所以理论上全线各站高差之和应等于零。如果高差之和不等于零，则其差值即 Σh 就是闭合水准路线的高程闭合差。即：

$$f_h = \Sigma h　　　　　（2-28）$$

（3）支水准路线。支水准路线是由一已知高程的水准点开始，最后既不附合也不闭合到已知高程的水准点上的一种水准路线，如图 2-41（c）所示。支水准路线必须在起终点间用往返测进行检核。理论上往返测所得高差的绝对值应相等，但符号相反，或者是往返测高差的代数和应等于零。如果往返测高差的代数和不等于零，其值即为水准支线的高程闭合差。即：

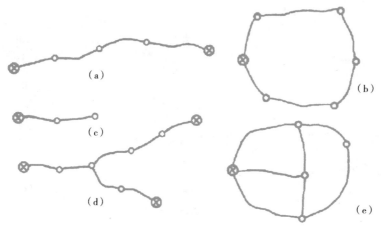

图2-41　水准路线布设形式

$$f_h = \Sigma h_{往} + \Sigma h_{返} \qquad (2-29)$$

有时也可以用两组并测来代替一组的往返测以加快工作进度。两组所得高差应相等，若不等，其差值即为水准支线的高程闭合差。即：

$$f_h = \Sigma h_1 - \Sigma h_2 \qquad (2-30)$$

（4）水准网。当几条附合水准路线或闭合水准路线连接在一起时，就形成了水准网，如图2-41（d）、（e）所示。水准网可使检核成果的条件增多，从而提高成果的精度。

在工程建设中，重点是掌握附合、闭合、支水准路线这三种单一水准路线的布设形式。

3. 水准测量的等级划分

2-7　水准测量的
成果

　　国家水准网布设分为一等、二等、三等、四等4个等级，同时设置等外水准测量。其布设原则采用从高级到低级，从整体到局部，分级布置，逐级加密的原则，等级是根据环线周长、附合路线长、偶然中误差、全中误差划分的，一等水准测量精度最高。一般除精确水准测量和建筑物沉降变形观测外，等外水准测量技术规范基本可满足工程建设需要。

4. 普通（等外）水准路线施测

水准路线施测工作包括水准路线的设计、水准点标石的埋设、水准测量外业观测和水准内业处理。

（1）等外水准测量外业观测。等外水准测量施测方法如图2-42所示，图中 A 为已知高程的点，B、C 为待求高程的点。首先在已知高程的起始点 A 上竖立水准尺，若 AB 间存在距离较远或不通视等情况，可在测量前进方向距 A 点不超过 200m 处设立第一个

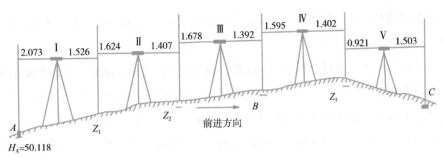

图2-42 等外水准路线测量的施测

转点Z_1，必要时放置尺垫，并竖立水准尺。在离这两点等距离处Ⅰ点安置水准仪。粗略整平后，先照准起始点A上的水准尺，用微倾螺旋使管水准气泡符合后，读取A点的后视读数；然后照准转点Z_1上的水准尺，管水准气泡符合后读取Z_1点的前视读数；将后前视读数均记入手簿（表2-34）中，并计算出这两点间的高差。此后在转点Z_1处的水准尺不动，仅把尺面转向前进方向。在A点的水准尺竖立在转点Z_2处，Ⅰ点的水准仪迁至与Z_1、Z_2两转点等距离的Ⅱ处。按第Ⅰ站同样的步骤和方法读取后视读数和前视读数，并计算出高差。如此继续进行直到待求高程点B。B至C点同样按此测量。

普通水准测量观测手簿

表2-34

测站	测点	后视读数	前视读数	高差 +	高差 −	高程	备注
Ⅰ	A	2.073		0.547		50.118	
	Z_1		1.526			50.665	
Ⅱ	Z_1	1.624		0.217			A点高程已知
	Z_2		1.407			50.882	
Ⅲ	Z_2	1.678		0.286			
	B		1.392			51.168	
Σ		5.375	4.325	1.050			
计算检核	$\sum a-\sum b=1.050$		$\sum h=1.050$	$H_B-H_A=1.050$			

（2）水准测量成果的检核。为了保证水准测量成果的正确可靠，对水准测量的成果必须进行检核。

①计算检核——在每一测段结束后必须进行计算检核。检查后视读数之和与前视读数之和的差（$\sum a-\sum b$）是否等于各站高差之和（$\sum h$）。如不相等，则计算中必有错误，应进行检查。但这种检核只能检查计算工作有无错误，不能检查出测量过程中所产生的错误（如读错、记错）。

②测站检核——为防止在一个测站上所测高差发生错误，可在每个测站上对观测结果进行检核，方法如下：

两次仪器高法。在每个测站上一次测得两尺间的高差后，改变一下水准仪的高度，再次测量两转点间的高差。对于一般水准测量，当两次所得高差之差小于 5mm 时可认为合格，取其平均值作为该测站所得高差，否则应进行检查或重测。

双面尺法。利用双面水准尺分别由黑面和红面读数测出的高差，扣除一对水准尺的常数差后，两个高差之差应符合限差，否则应进行检查或重测。

③路线检核——在各种不同等级路线的水准测量中，都规定了高程闭合差的限值即容许高程闭合差，用 $f_{h容}$ 表示。一般等外水准测量的容许高程闭合差为：

$$平地 f_{h容} = \pm 40 \sqrt{L} \,(\text{mm})$$

$$山地 f_{h容} = \pm 12 \sqrt{n} \,(\text{mm})$$

（2-31）

式中，L 为附合水准路线或闭合水准路线的长度，在水准支线上，L 为测段的长度，以千米为单位，n 为测站数。

当实际闭合差 f_h 小于容许闭合差时，表示观测精度满足要求，否则应对外业资料进行检查，必要时返工重测。

5. 普通水准测量成果平差计算

（1）计算步骤

1）高差闭合差计算。检查外业观测手簿无误后，画出路线草图，标注各测段观测高差值。根据路线布设形式计算实际闭合差 f_h。

2）高差闭合差的调整。当实际闭合差 f_h 小于容许闭合差时，可以按简易平差方法将闭合差分配到各测段上。分配的原则是把闭合差反号，根据各测段路线的长度或测站数按正比例分配到各测段上，故各测段改正数计算公式为：

$$v_i = -\frac{f_h}{\Sigma L} L_i$$

或

$$v_i = -\frac{f_h}{\Sigma n} n_i$$

（2-32）

式中，L_i 和 n_i 分别为各测段路线之长和测站数；ΣL 和 Σn 分别为水准路线总长和测站总数。

3）计算待定点高程。根据已知点高程和各测段改正后的高差，依次推算出各待

定点的高程。通常计算完毕后，再次检查水准路线闭合差，其值应为零。否则，检查各项计算是否有误。

（2）附合水准测量成果计算示例

如图 2-43 所示为某一附合水准路线的略图，BM.A 和 BM.B 为已知高程的水准点，BM.1~BM.4 为高程待定的水准点。已知点的高程、各点间的路线长度及高差观测值注明于图中。试计算各待定水准点的高程。

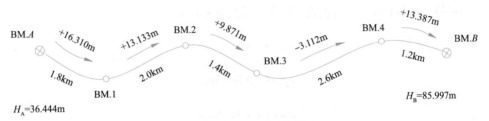

图 2-43　附合水准路线测量

1）将观测数据和已知数据填入计算表格（表 2-35）。

将如图 2-43 所示的点号、测站数、观测高差与水准点 A 的已知高程填入表 2-35 内。

水准测量成果整理　　　　　　　　　　　　　　　　表2-35

点号	距离（km）	测段观测高差（m）	高差改正值（mm）	改正后高差（m）	高程（m）
BM.A					36.444
BM.1	1.8	+16.310	−7	+16.303	52.747
BM.2	2.0	+13.133	−8	+13.125	65.872
BM.3	1.4	+9.871	−6	+9.865	75.737
BM.4	2.6	−3.112	−10	−3.122	72.615
BM.B	1.2	+13.387	−5	+13.382	85.997
Σ	9.0	+49.589	−36	+49.553	

2）计算高差闭合差

根据式（2-31）计算出此闭合水准路线的高差闭合差，即：

$$f_h = \Sigma h - (H_{终} - H_{始}) = 49.589 - (85.997 - 36.444) = +0.036 \text{m}$$

3）计算高差容许闭合差

水准路线的高差闭合差容许值 $f_{h容}$ 可按下式计算：

$$f_{h容}=\pm 40\sqrt{L}=\pm 40\sqrt{9}=\pm 120\,\text{mm}$$

因为 $f_h \leqslant f_{h容}$，其精度符合要求，观测成果合格，可继续进行下一步计算。

4）高差闭合差的调整。闭合差的调整按与距离成正比例反符号分配的原则进行。本例中，测站数 $L=9.0\text{km}$，故每千米的改正数为：

$$-\frac{f_h}{L}=\frac{-36}{9}=-4\,\text{mm}$$

则第一至第五段高差改正数分别为（保留至 mm）：

$$v_1=-4\times 1.8=-7\text{mm}$$

$$v_2=-4\times 2.0=-8\text{mm}$$

$$v_3=-4\times 1.4=-6\text{mm}$$

$$v_4=-4\times 2.6=-10\text{mm}$$

$$v_5=-4\times 1.2=-5\text{mm}$$

把改正数填入改正数栏中，改正数总和应与闭合差大小相等、符号相反，并以此作为计算检核。

5）计算改正后的高差。各段实测高差加上相应的改正数，得改正后的高差，填入改正后高差栏内。改正后高差的代数和应等于零，以此作为计算检核。

6）计算待定点的高程。

由 A 点的已知高程开始，根据改正后的高差，逐点推算1、2、3、4点的高程。算出4点的高程后，应再推算出 B 点高程，其推算高程应等于已知 B 点高程。如不等，则说明推算有误。

（3）闭合水准路线成果处理

如图2-44所示为某闭合水准路线略图，A 点为已知高程水准点，A 点和待定高程点1、2、3组成一闭合水准路线。各测段高差及测站数如图所示，试计算各待定水准点的高程。

1）将观测数据和已知数据填入计算表格（表2-36），将如图2-44所示的点号、测站数、观测高差与水准点 A 的已知高

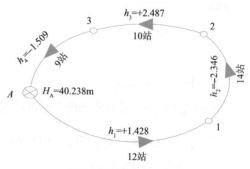

图2-44 闭合水准路线

水准测量成果计算表　　　　　表2-36

测点	测站数	高差栏			高程	备注
		观测值（m）	改正数（mm）	改正后高差（m）		
BM.A					40.238	
1	12	1.428	−16	1.412	41.650	
2	14	−2.346	−19	−2.365	39.285	
3	10	2.487	−13	2.474	41.759	
BM.A	9	−1.509	−12	−1.521	40.238	
Σ	45	+0.060	−60	0.000		

程填入有关栏内。

2）计算高差闭合差。

根据式（2-32）计算出此闭合水准路线的高差闭合差，即：

$$f_h = \Sigma h = +0.060\text{m}$$

3）计算高差容许闭合差。

水准路线的高差闭合差容许值 $f_{h容}$ 可按下式计算：

$$f_{h容} = \pm 12\sqrt{n}\,\text{mm} = \pm 12\sqrt{45}\,\text{mm} = \pm 80\,\text{mm}$$

因为 $f_h \leqslant f_{h容}$，其精度符合要求，观测成果合格，可继续进行下一步计算。

4）高差闭合差的调整。在整条水准路线上由于各测站的观测条件基本相同，所以，可认为各站产生误差的机会也是相等的，故闭合差的调整按与测站数（或距离）成正比例反符号分配的原则进行。本例中，测站数 $n=45$，故每一站的改正数为：

$$-\frac{f_h}{n} = -\frac{60}{45} = -\frac{4}{3}$$

则第一至第四段高差改正数分别为：

$$v_1 = -\frac{4}{3} \times 12 = -16\text{mm}$$

$$v_2 = -\frac{4}{3} \times 14 = -19\text{mm}$$

$$v_3 = -\frac{4}{3} \times 10 = -13\text{mm}$$

$$v_4 = -\frac{4}{3} \times 9 = -12\text{mm}$$

把改正数填入改正数栏中，改正数总和应与闭合差大小相等、符号相反，并以此作为计算检核。

5）计算改正后的高差。各段实测高差加上相应的改正数，得改正后的高差，填入改正后高差栏内。改正后高差的代数和应等于零，以此作为计算检核。

6）计算待定点的高程。由 A 点的已知高程开始，根据改正后的高差，逐点推算 1、2、3 点的高程。算出 3 点的高程后，应再推回 A 点，其推算高程应等于已知 A 点高程。如不等，则说明推算有误。

6. 水准测量误差及注意事项

（1）水准测量误差分析

水准测量误差来源主要包括仪器误差、观测误差和外界条件影响三方面。水准测量时，应充分考虑误差产生原因，采取相应措施减弱或消除误差的影响。

1）仪器误差。仪器误差主要包括校正后仍存在部分的残余误差和水准尺构造上的误差。

2）观测误差。观测误差是指使用计量器具的过程中，由于观测者主观所引起的误差。主要包括：

①气泡居中误差。视线水平是以气泡居中或符合为根据的，气泡的居中或符合凭肉眼来判断，也存在判断误差。气泡居中的精度主要决定于水准管的分划值。为了减小气泡居中误差的影响，应对视线长加以限制，观测时应使气泡精确地居中或符合。

②水准尺的估读误差。水准尺上的毫米数都是估读的，估读误差与望远镜的放大率及视线的长度有关。在各种等级的水准测量中，对望远镜的放大率和视线长的限制都有一定的要求。此外，在观测中还应注意消除视差，并避免在成像不清晰时进行读数。

③水准尺不直的误差。水准尺没有立直，无论向哪一侧倾斜都使读数偏大。这种误差随尺的倾斜角和读数的增大而增大。例如尺有 3° 的倾斜，读数超过 1m 时，可产生 2mm 的误差。为使尺能扶直，水准尺上最好装有水准器。

④视差。当视差存在时，十字丝平面与水准尺影像不重合，若眼睛观察的位置不同，便读出不同的读数，因而也会产生读数误差。

3）外界条件的影响误差。

①仪器下沉。在读取后视读数和前视读数之间若仪器下沉了 Δ，由于前视读数减少了 Δ 从而使高差增大了 Δ。在松软的土地上，每一测站都可能产生这种误差。当采用双面尺或两次仪器高时，第二次观测可先读前视点 B，然后读后视点 A，即"后前前后"的顺序读数，则可使所测高差减小，两次高差的平均值可消除一部分仪器下沉的误差。用往测和返测时，同样也可消除部分误差。

②水准尺（尺垫）下沉。在仪器从一个测站迁到下一个测站的过程中，若立尺的转点下沉了，则使下一测站的后视读数偏大，使高差也增大。在同样情况下返测，则使高差的绝对值减小。所以取往返测的平均高差，可以降低水准尺下沉的影响。当然，在进行水准测量时，应选择坚实的地点安置仪器和转点，转点须垫上尺垫并踩实，以避免仪器和水准尺的下沉。

③地球曲率引起的误差。理论上水准测量应根据水准面来求出两点的高差，但视准轴是一直线，因此使读数中含有由地球曲率引起的误差 p：

$$p = \frac{s^2}{2R} \tag{2-33}$$

式中，s 为视线长，R 为地球的半径。

④大气折光引起的误差。水平视线经过密度不同的空气层被折射，一般情况下形成向下弯曲的曲线，它与理论水平线的读数之差，就是由大气折光引起的误差 γ。实验得出：大气折光误差比地球曲率误差要小，是地球曲率误差的 K 倍，在一般大气情况下，$K=1/7$，故：

$$r = K\frac{S^2}{2R} = \frac{S^2}{14R} \tag{2-34}$$

所以水平视线在水准尺上的实际读数位于 b'，它与按水准面得出的读数 b 之差，就是地球曲率和大气折光总的影响值 f。故：

$$f = p - r = 0.43\frac{S^2}{R} \tag{2-35}$$

当前视后视距离相等时，这种误差在计算高差时可自行消除。但是近地面的大气折光变化十分复杂，即使保持前视后视距离相等，大气折光误差也不能完全消除。由于 f 值与距离的平方成正比，所以限制视线长可以使这种误差大为减小，此外使视线离地面尽可能高些，也可减弱折光变化的影响。

⑤自然环境的影响。除了上述各种误差来源外，测量工作中的影响也会带来误差。如风吹、日晒、温度的变化和地面水分的蒸发等引起的仪器状态变化、视线跳动等。所以观测时应注意自然环境带来的影响。为了防止日光暴晒，仪器应打伞保护。无风的阴天是最理想的观测天气。

（2）水准测量注意事项

水准测量应根据测量规范规定的要求进行，以减小误差和防止错误发生。另外，在水准测量过程中，还应注意以下事项：

1）水准仪和水准尺必须经过检验和校正才能使用。

2）水准仪应安置在坚固的地面上，并尽可能使前后视距离相等，观测时手不能放在仪器或三脚架上。

3）水准尺要立直，尺垫要踩实。

4）读数前要消除视差并使水准气泡严格居中，读数要准确、快速，不可读错。

5）记录要及时、规范、清楚。记录前要复诵观测者报出的读数，确认无误后方可记入观测手簿。

6）不得涂改或用橡皮擦掉外业数据。观测时若所记数据不能按要求更改时，要用斜线划去，另起行重记。

7）测站上观测和记录计算完成后要检核，发现错误或超出限差要立即重测。

8）注意保护测量仪器和工具，装箱时脚螺旋、微倾螺旋和微动螺旋要在中间位置。

7. 微倾式水准仪的检验与校正

仪器经过运输或长期使用，其各轴线之间的关系会发生变化。为保证测量工作能得出正确的成果，要定期对仪器进行检验和校正。

（1）水准仪应满足的条件

微倾式水准仪的主要轴线包括视准轴、竖轴、水准管轴和圆水准器轴，它们之间应满足的几何条件是：

1）圆水准器轴应平行于仪器的竖轴。

2）十字丝的横丝应垂直于仪器的竖轴。

3）水准管轴应平行于视准轴。

（2）水准仪的检校

1）圆水准器轴平行于仪器竖轴的检验与校正

①检验。旋转脚螺旋使圆水准器气泡居中，然后将仪器上部在水平方向绕竖轴旋转180°，若气泡仍居中，则表示圆水准器轴已平行于竖轴，若气泡偏离中央则需进行校正。

②校正。用脚螺旋使气泡向中央方向移动偏离量的一半，然后拨圆水准器的校正螺栓使气泡居中。

上述检验与校正需反复进行，使仪器上部旋转到任何位置气泡都能居中为止，然后拧紧螺栓。

2）十字丝横丝垂直于仪器竖轴的检验和校正

①检验。距墙面 10~20m 处安置仪器，先用横丝的一端照准墙上一固定清晰的目标点或在水准尺上读一个数，然后用微动螺旋转动望远镜，用横丝的另一端观测同一目标或读数。如果目标仍在横丝上或水准尺上读数不变，说明横丝已与竖轴垂直。若

目标点偏离了横丝或水准尺读数有变化，则说明横丝与竖轴没有垂直，应予校正。

②校正。打开十字丝分划板的护罩，可见到三个或四个分划板的固定螺栓。松开这些固定螺栓，用手转动十字丝分划板座，使横丝的两端都能与目标重合或使横丝两端所得水准尺读数相同，则校正完成，最后旋紧所有固定螺栓。此项校正也需反复进行。

3）视准轴平行于水准管轴的检验和校正

①检验。在平坦地面上选定相距 40~60m 的 A、B 两点，水准仪首先置于离 A、B 等距的 I 点，测得 A、B 两点的高差如图 2-45（a）所示，重复测 2~3 次，当所得各高差之差不大于 3mm 时取其平均值 h_1。若视准轴与水准管轴不平行而存在 i 角误差（两轴的夹角在竖直面的投影），由于仪器至 A、B 两点的距离相等，因此由于视准轴倾斜，而在前、后视读数所产生的误差 δ 也相等，因此所得 h_1 是 A、B 两点的正确高差。

之后将水准仪移到 AB 延长方向上靠近 B 的 II 点，再次观测 A、B 两点的尺上读数，如图 2-45（b）所示。由于仪器距 B 点很近，S' 可忽略，两轴不平行造成在 B 点尺上的读数 b_2 的误差也可忽略不计。由图 2-45（b）可知，此时 A 点尺上的读数为 a_2，而正确读数应为：

$$a'_2 = b_2 + h_1$$

此时可计算出 i 角值为：

$$i = \frac{a_2 - a'_2}{S}\rho'' = \frac{a_2 - b_2 - h_1}{S}\rho''　\qquad（2-36）$$

S 为 A、B 两点间的距离，对 DS_3 水准仪，当后、前视距差未作具体限制时，一般规定在 100m 的水准尺上读数误差不超过 4mm，即 a_2 与 a'_2 的差值超过 4mm 时应校正。当后、前视距差给以较严格的限制时，一般规定 i 角不得大于 20″，否则应进行校正。

②校正。为了使水准管轴和视准轴平行，转动微倾螺旋使远点 A 的尺上读数 a_2 变为正确读数 a'_2。此时视准轴由倾斜位置改变到水平位置，但水准管也随之变动使气泡不再符合。用校正针拨动水准管一端的校正螺栓使气泡符合，则水准管轴也处于水平

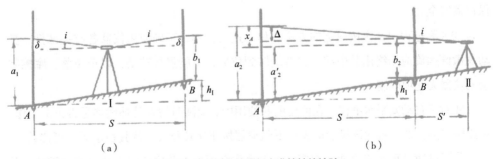

图 2-45　视准轴平行水准管轴的检验

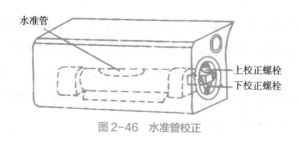

图 2-46 水准管校正

位置从而使水准管轴平行于视准轴。水准管的校正螺栓如图 2-46 所示，校正时先松动左右两校正螺栓，然后拨上下两校正螺栓使气泡符合。拨动上下校正螺栓时，应先松一个再紧另一个，逐渐改正，当最后校正完毕时，所有校正螺栓都应适度旋紧。检验校正也需要反复进行，直到满足要求为止。

实训 2-6　水准仪的操作与普通水准测量实训

1. 实训目的

（1）了解水准仪的构造和各部件功能，熟悉水准仪的操作方法和读数。

（2）掌握普通水准测量一个测站的工作程序和一条水准路线的施测方法。

（3）掌握普通水准测量的观测、记录、高差及闭合差的计算方法。

2. 实训器材

每个小组配备 DS$_3$ 水准仪 1 台、水准尺 2 根、尺垫 1 个、记录板 1 块。

3. 实训内容

（1）熟悉 DS$_3$ 型水准仪各部件名称及作用，熟练操作 DS$_3$ 型微倾式水准仪。水准仪操作规程：

①安置仪器时，应尽量使前后视距相等。

②仪器安置后及整个观测过程中，任何情况下观测者都不得擅自离开仪器，以确保仪器安全。

③观测过程中，应按规定的方法和程序进行操作，正确使用仪器各有关部件。微动及微倾螺旋应始终用其中部，二者旋转到位后，不能强行转动，以免脱落。摩擦制动的仪器无此项限制。

④对于自动安平水准仪，在使用前和使用中，应随时检查其补偿器是否正常工作，采用阻尼的仪器，每次读尺前应先按下阻尼器按钮使其释放，待其稳定后方可读数。

⑤迁站时，可与三脚架一起搬迁，但事先必须检查并确认中心螺旋的可靠性，并

一手抱持脚架，一手托扶仪器，不允许扛着脚架搬迁。

（2）做闭合的水准路线测量，全组共同施测一条闭合水准路线，水准路线长度以安置 8~10 个测站为宜。确定起始点及水准路线的前进方向。小组成员分工安排：2 人扶尺，1 人记录，1 人观测。施测 1~2 站后轮换工作。

（3）实施步骤。在每一站上，观测者首先应该粗略整平仪器，使水准仪圆水准器气泡居中，仪器初平后的观测程序如下：

①瞄准后视点水准尺的黑面分划—精平—读取中丝读数。

②瞄准前视点水准尺的黑面分划—精平—读取中丝读数。

③瞄准前视点水准尺的红面分划—精平—读取中丝读数。

④瞄准后视点水准尺的红面分划—精平—读取中丝读数。

（4）记录员把前、后视读数记好后，应根据前、后尺的黑、红面中丝读数，立即计算本站黑、红面读数差和黑、红面高差之差，黑面中丝读数 +K 与红面中丝读数差值不能超过 ±3mm，黑、红面高差之差不能超过 ±5mm。

（5）观测精度符合要求后，根据观测结果进行水准路线高差闭合差的调整和高程计算。

4. 实训要求

（1）一个测站仪器初平后在观测过程中不得再进行仪器初平操作，否则本测站应重新开始。

（2）计算沿途各转点高差和各观测点高程（可假设起点高程为 100.000m）。

（3）视线长度不得超过 100m。

（4）前后视距应大致相等。

（5）闭合差的容许值为：

$$f_{h容}=\pm 40\sqrt{L}(\text{mm})$$

$$f_{h容}=\pm 12\sqrt{n}(\text{mm})$$

式中　n——测站数；L——水准路线长度，单位为 km。

5. 实训注意事项

（1）安置仪器时应将仪器中心连接螺旋拧紧，防止仪器从脚架上脱落下来。

（2）水准仪为精密光学仪器，在使用中要按照操作规程作业，各个螺旋要正确使用。

（3）在读数前务必将水准器的符合水准气泡严格居中，读数后应复查气泡符合情况，若气泡错开，应立即重新将气泡符合后再读数。

（4）转动各螺旋时要稳、轻、慢，不能用力太大。

（5）发现问题，及时向指导教师汇报，不能自行处理。

（6）水准尺必须要有人扶着，决不能立在墙边或靠在电杆上，以防摔坏水准尺。

（7）螺旋转到头要返转回来少许，切勿继续再转，以防脱扣。

6. 实训成果提交和实训效果评价

（1）要求上交的资料（表2-37~ 表2-39）。

（2）实训效果评价（表2-40）。

水准仪粗平、精平操作练习　　　　　　　　　　　表2-37

（1）用箭头标明如何转动三只脚螺旋，使下图所示的圆水准器气泡居中。

（2）用微倾式水准仪进行水准测量时，除了使圆水准器气泡居中外，读数前还必须转动螺旋，使管水准器气泡居中，才能读数。
若使下图气泡影像符合，请用箭头标出操作螺旋的转动方向。

普通水准测量记录表　　　　　　　　　　　　　表2-38

日期：＿＿年＿＿月＿＿日　　天气：＿＿＿＿＿　仪器型号：＿＿＿＿＿　组号：＿＿＿＿＿

观测者：＿＿＿＿＿＿　　　记录者：＿＿＿＿＿＿　　　立尺者：＿＿＿＿＿＿

测点	水准尺读数		高差 h（m）			备注
	后视 a（m）	前视 b（m）	+	−		

续表

测点	水准尺读数		高差h（m）			备注
	后视a（m）	前视b（m）	+	−		
∑						
校核	$\sum a-\sum b=$		$\sum h=$			

水准路线高差调整与高程计算表　　　　　　　　表2-39

点号	距离（km）	测段观测高差（m）	高差改正值（m）	改正后高差（m）	高程（m）

注：起点高程假设为100.000m。

实训效果评价表　　　　　　　　表2-40

日期：　　　　　　　班级：　　　　　　　组别：

实训任务名称	
实训技能目标	
主要仪器及工具	
任务完成情况	是否准时完成任务	
任务完成质量	成果精度是否符合要求，记录是否规范完整	
实训纪律	实训是否按教学要求进行	
存在的主要问题	

2.3.3 三角高程测量

当地面两点间地形起伏较大而不便于施测水准时，可应用三角高程测量的方法测定两点间的高差而求得高程。该法较水准测量精度低，常用于山区各种比例尺测图的高程控制，在工程建设中应用广泛。

1. 三角高程测量原理

三角高程测量的原理是根据测站与待测点两点间的水平距离和测站向目标点所观测的竖直角来计算两点间的高差。

如图 2-47 所示，已知点 A 高程为 H_A，欲求 B 点高程 H_B。将仪器（经纬仪）架设在 A 点，照准目标，测得竖直角 α，量取仪器高 i 和目标高 v，若测得两点间的水平距离为 D（参照视距测量方法），则 A、B 两点间高差为：$h_{AB}=D\tan\alpha+i-v$

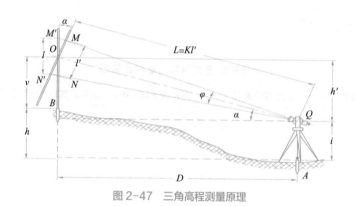

图 2-47　三角高程测量原理

2. 地球曲率和大气折光对高差测量的影响

当两点间距离小于 300m 时将水准面当作水平面、观测视线是直线，可按上述公式计算，当两点间距离大于 300m 时需顾及地球曲率和大气折光的影响，并加以球差改正和气差改正，以上两项合称为球气差改正 f：

$$f=c-\gamma=6.7D^2\,（\mathrm{cm}）$$

三角高程测量一般都采用对向观测，取对向观测所得高差绝对值平均可抵消两差的影响。

3. 三角高程的观测与计算

（1）三角高程测量测站观测工作。

① 置经纬仪于测站上，量取仪器高和目标高。

② 当中丝瞄准目标时，将竖盘水准管气泡居中，读取竖直度盘读数，以盘左、盘右各半测回观测，测回数和限差符合要求。

③读取视距尺（或水准尺）上、下丝读数，计算视距间隔，用视距测量方法计算得两点间水平距离。

（2）三角高程测量成果计算。

为提高观测精度，两点间高差可对向观测，按高差计算公式求出高差，根据已知点高程推算待求点高程。三角高程测量路线可以组成闭合或附合路线，每边均需对向观测。便于路线平差计算，其路线高差闭合差的容许误差可按下式计算：

$$f_{h容} = \pm 0.05\sqrt{\sum DD}\ （m）\qquad （D\ 单位：km）$$

若高差闭合差小于容许误差，符合规范要求，观测成果合格。

需说明的是，由于现代电子测量仪器的迅速发展，传统的三角高程测量已被电子测距三角高程测量（EDM）取代，其不仅速度快、精度高，且工作强度很小，如全站型电子经纬仪中高程测量功能。

 课后习题

1. 填空题

（1）在水准测量中转点的作用是传递_____。

（2）单一水准路线的形式有_____、_____和支水准路线。

（3）进行水准测量时，设 A 为后视点，B 为前视点，后视水准尺读数 $a=1124$，前视水准尺读数 $b=1428$，则 A、B 两点的高差 h_{AB} 为_____。设已知 A 点的高程 $H_A=20.016$m，则 B 点的高程 H_B 为_____。

（4）眼睛在目镜端上下微微移动，发现十字丝横丝在水准尺上的位置随之变动，这种现象称为_____。

（5）水准测量中常用的两种检核方法是_____和变更仪器高法。

（6）角度观测中当观测者对着望远镜目镜时，_____位于望远镜的左侧称为盘左，位于右侧称为盘右。

（7）DJ_6 光学经纬仪分微尺测微器读数可精确读至_____。

（8）水平角观测时当只有两个目标方向常采用_____方法，观测三个或三个以上方向时常采用_____方法。

（9）观测水平角与竖直角时，用盘左、盘右观测取平均值是为了消除或减少_____、_____、_____和_____的影响。

（10）竖直角有正、负之分，仰角为_____，俯角为_____。竖直角观测中，测得盘左读数为 59°20′30″，盘右读数为 300°40′00″，这时竖盘指标差为_____。

（11）经纬仪十字丝板上的上丝和下丝主要是在测量_____时使用。

（12）精密钢尺量距常需进行三项改正，即：_____、_____和倾斜改正。

（13）从直线起点的标准方向北端起，顺时针方向量到直线的水平角度称为该直线的_____，取值范围是_____到_____。

（14）某直线的方位角为 163°28′，其反方位角为_____。

（15）根据标准方向的不同，方位角可分为真方位角、_____和_____。

（16）直线定向是指_____，直线定线是指_____。

2. 选择题

（1）用水准仪进行水准测量时，要求尽量使前后视距相等，是为了（   ）。

A. 消除或减弱水准管轴不垂直于仪器旋转轴误差影响

B. 消除或减弱仪器升沉误差的影响

C. 消除或减弱标尺分划误差的影响

D. 消除或减弱仪器水准管轴不平行于视准轴的误差影响

（2）下面关于水准测量描述错误的是（   ）

A. 水准测量中闭合差的调整是将闭合差反符号后按与测站数（或距离）成反比分配的

B. 采用"后、前、前、后"的观测程序，可减弱仪器下沉对水准测量的影响

C. 前后视距相等时可以消除或减弱视准轴与水准管轴不平行所带来的误差影响

D. 水准尺的零点差可在一水准测段中使测站数为偶数而予以消除

（3）闭合水准路线高差闭合差 f_h 应为（   ）。

A. 零   B. 实测高差代数和

C. 终点和起始点高程之和   D. 往返高差之差

（4）设 A 点高程 1279.25m，B 点上安置经纬仪，仪器高为 1.43m，平距 D_{AB}=341.23m，观测 A 点上觇标高为 4.0m 的目标，得竖直角为 −13°19′，则由此算得 B 点的高程为（   ）。

A.1195.91m   B.1201.05m   C.1362.59m   D.1357.45m

（5）水平角观测某一方向，盘左读数为 0°01′12″，盘右读数为 180°01′00″，其 2C 值为（   ）。

A.+12″   B.+6″   C.−12″   D.−6″

（6）为了减少目标偏心对水平角观测的影响，应尽量瞄准标杆的（　　　）。

　　A.顶部　　　　　　　B.底部　　　　　　　C.中间　　　　　　　D.任何位置

（7）用经纬仪进行视距测量，已知 $K=100$，视距间隔为 0.49m，竖直角为 $+3°45'$，则水平距离的值为（　　　）。

　　A.47.326m　　　　　B.48.895m　　　　　C.49.000m　　　　　D.48.790m

（8）用经纬仪测水平角和竖直角，一般采用正倒镜方法，下面哪个仪器误差不能用正倒镜法消除（　　　）。

　　A.视准轴不垂直于横轴　　　　　　　　B.竖盘指标差

　　C.横轴不水平　　　　　　　　　　　　D.竖轴不竖直

（9）在水平角的观测中，采用盘左盘右观测取平均值的观测方法能消除的误差是（　　　）。

　　A.视准轴误差　　　B.照准误差　　　C.竖轴误差　　　D.对中误差

（10）已知直线 AB 的起点 A 的坐标（3526.236，4800.365），终点 B 点坐标（3415.760，4923.126），则 AB 直线坐标方位角为（　　　）。

　　A.48°00'54"　　　B.31°59'06"　　　C.−48°00'54"　　　D.311°59'06"

（11）与图 2-48 所示中盘左竖盘刻划相对应的竖角计算公式为（　　　）。（其中 L 为盘左时的读数，竖盘为全圆顺时针刻划）

　　A.90°−L　　　　　B.L−90°

　　C.270°−L　　　　D.L−270°

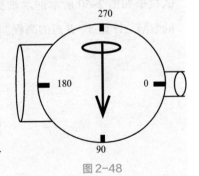

图 2-48

（12）设分别有甲、乙、丙、丁 4 个目标，用经纬仪采用全圆方向法观测水平角时，以甲为零方向，则盘左的观测顺序为（　　　）。

　　A.乙、丙、丁　　　　　　　　　　　B.乙、丙、丁、甲

　　C.甲、乙、丙、丁、甲　　　　　　　D.甲、乙、丙、丁

（13）全站仪整平调整脚螺旋使水准管气泡居中，（　　　）。

　　A.气泡移动方向与左手大拇指转动方向相反

　　B.气泡移动方向与左手大拇指转动方向一致

　　C.气泡移动方向与右手大拇指转动方向一致

　　D.气泡移动方向与左手大拇指转动方向垂直

（14）为了减少度盘分划不均匀误差对水平角观测影响，应采用的方法是（　　　）。

A. 盘左盘右观测

B. 各测回间变换度盘起始位置

C. 消除视差

D. 认真读数

（15）用回测法观测水平角，测完上半测回后，发现水准管气泡偏离2格多，此时应（　　）。

A. 继续观测下半测回

B. 整平后观测下半测回

C. 整平后全部重测

D. 误差范围内不用理会

（16）如图2-49所示的支导线，AB 边的坐标方位角为 $\alpha_{AB}=125°30'30''$，转折角如图所示，则 CD 边的坐标方位角 α_{CD} 为（　　）。

A. 75°30'30''

B. 15°30'30''

C. 45°30'30''

D. 25°29'30''

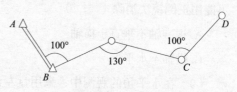

图2-49　支导线

3. 计算题

BM.1 和 BM.2 为已知水准点，其高程已知，A、B 为高程待定的水准点，试根据如图2-50所示的水准路线中的数据，计算 A、B 点的高程。

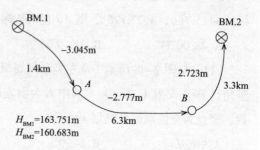

图2-50　水准路线

项目 3

小地区控制测量

 教学目标

学习目标

能利用所学进行小地区控制点测量，掌握导线等平面控制测量方法和成果平差计算，理解高程控制测量内容，知晓控制点的应用。

功能目标

（1）了解控制测量的基本要求。

（2）能根据导线技术要求，熟练利用主流测绘仪器开展导线测量，掌握导线测量方法、成果平差计算与应用。

（3）了解 GNSS 开展平面控制测量的情况。

（4）熟练掌握坐标正算、坐标反算的原理与应用。

 工作任务

能利用全站仪开展小地区控制测量，条件许可时掌握利用 GPS 进行控制点平面测量的操作。

小地区控制测量、坐标正算、反算

1. 小地区控制测量概述

（1）控制测量概述

3-1 小区域平面控制测量之导线测量

测量工作应遵循一定的测量施测原则，以提高测量精度。遵循的原则之一就是"先控制后碎部"。为了保证测量成果具有规定的准确性和可靠性，首先建立控制网，然后根据控制网进行碎部测量和施工放样等测量工作。控制测量起到控制全局和限制误差积累的作用，为各项具体测量工作和科学研究工作提供依据。

首先在测区选择具有控制意义的点，组成一定的几何图形。用相对精确的测量手段和计算方法，在统一坐标系中，确定这些点的平面坐标和高程，然后以其为基础来测定其他点的点位或进行施工放样。这些具有控制意义的点称为控制点；由在测区内所选定的若干个控制点构成的几何图形，称为控制网；对控制网进行布设、观测、计算，确定控制点位置的工作称为控制测量。在碎部测量中，专门为地形图测绘布设的控制网称为图根控制网，相应的控制测量工作称为图根控制测量；专门为工程施工而布设的控制网称为施工控制网，施工控制网可以作为施工放样和变形监测的依据。

控制测量分为平面控制测量和高程控制测量。平面控制测量确定控制点的平面坐标，高程控制测量确定控制点的高程。在传统测量工作中，平面控制网与高程控制网通常分别布设。

我国已在全国范围内建立了国家控制网。它是全国各种比例尺测图的基本控制，也为研究地球的形状和大小提供依据。国家控制网是采用精密测量仪器和方法依照施测精度按一、二、三、四共四个等级建立的，其低级控制点受高级控制点逐级控制。

（2）平面控制测量

平面控制测量是确定控制点的平面位置，建立平面控制网的方法有三角网测量（图3-1）、导线测量和交会测量、全球卫星导航定位系统 GNSS 测量等。

导线是一种将控制点用直线连接起来所形成的折线形式的控制网，导线测量是通过观测导线边的边长和转折角，依据起算数据经计算而获得导线点的平面坐标。导线测量布设简单、每点仅需与前、后两点通视，选点方便，特别是在隐蔽

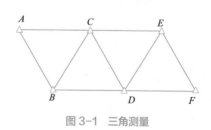

图 3-1 三角测量

地区和建筑物多而通视困难的城市，应用起来很是方便灵活。

交会测量是利用交会定点法来加密平面控制点的一种控制测量方法。通过观测水平角来确定交会点平面位置的工作称为测角交会；通过测边来确定交会点平面位置的工作称为测边交会；通过同时测边长和水平角来确定交会点的平面位置的工作称为边角交会。

全球卫星导航定位系统 GNSS 测量是以分布在空中的多个卫星为观测目标来确定地面点三维坐标的定位方法。20 世纪 80 年代末，全球卫星定位系统开始在我国用于建立平面控制网，目前已成为建立平面控制网的主要方法。应用卫星定位技术建立的控制网根据我国测量规范要求，划分为 A、B、C、D、E 五级。我国国家 A 级和 B 级 GPS 大地控制网分别由 27 个点和 818 个点构成。它们均匀地分布在中国大陆，平均边长相应为 650km 和 150km。它在精度方面比以往的全国性大地控制网提高了两个量级，这一高精度三维空间大地坐标系的建成为我国 21 世纪的经济和社会持续发展提供了基础测绘保障。城市 GPS 控制网一般以国家 GPS 控制网作为起始数据，由若干个独立闭合环组成，或构成附合路线，某城市的首级 GPS 控制网如图 3-2 所示。按《城市测量规范》CJJ/T 8—2011 的规定，城市平面 GPS 控制网的主要技术指标（表 3-1）。

城市或工程平面控制网是在国家控制网的控制下布设，并按城市或工程建设范围大小布设成不同等级的平面控制网，分为二、三、四等三角网或三、四等导线网和一、二级小三角网或一、二、三级导线网，主要技术指标见表 3-2 所列。

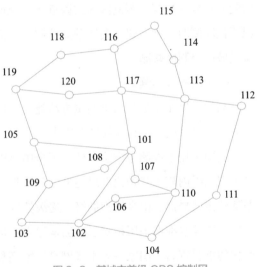

图 3-2　某城市首级 GPS 控制网

城市GPS平面控制网的主要技术指标　　　　　　　　　　　　　　表3-1

等级	平均边长（km）	固定误差a（mm）	比例误码差系数b（1×10^{-6}）	最弱边相对中误差
二等	9	≤ 5	≤ 2	1/120000
三等	5	≤ 5	≤ 2	1/80000
四等	2	≤ 10	≤ 5	1/45000
一级	1	≤ 10	≤ 5	1/20000
二级	<1	≤ 10	≤ 5	1/60000

城市导线测量主要技术指标 表3-2

等级	导线长度（km）	平均边长（km）	测角中误差（″）	测距中误差（mm）	测回数			方位角闭合差（″）	导线全长相对闭合差
					DJ1	DJ2	DJ6		
三等	15	3	±1.5	±18	8	12	–	$\pm 3\sqrt{n}$	1/60000
四等	10	1.6	±2.5	±18	4	6	–	$\pm 5\sqrt{n}$	1/40000
一级	3.6	0.3	±5	±15	–	2	4	$\pm 10\sqrt{n}$	1/14000
二级	2.4	0.2	±8	±15	–	1	3	$\pm 16\sqrt{n}$	1/10000
三级	1.5	0.12	±12	±15	–	1	2	$\pm 24\sqrt{n}$	1/6000

在10km半径范围内建立的控制网，称为小区域控制网。在这个范围内，水准面可视为水平面，可采用独立平面直角坐标系来计算控制点的坐标，而不需将测量成果归算到高斯平面上。测定小区域控制网的工作，称为小区域控制测量。小区域控制网分为平面控制网和高程控制网两种。小区域控制网应尽可能以国家或城市已建立的高级控制网为基础进行联测，将国家或城市高级控制点的坐标和高程作为小区域控制网的起算和校核数据。若测区内或附近无国家或城市控制点，或附近有这种高级控制点但不便联测时，则应建立测区独立控制网。高等级公路的控制网，一般应与附近的国家或城市控制网联测。

（3）高程控制测量

高程控制主要通过水准测量方法建立，而在地形起伏大、直接进行水准测量较困难的地区可采用三角高程测量方法建立。

我国采用水准测量方法已建立了全国范围内的高程控制网，称为国家水准网。它是全国范围内施测各种比例尺地形图和各类工程建设的高程控制基础。国家水准网遵循从整体到局部、由高级到低级、逐级控制、逐级加密的原则分四个等级布设。国家一等、二等水准网采用精密水准测量建立，是研究地球形状和大小、海洋平均海水面变化的重要资料。国家一等水准网是国家高程控制网的骨干；二等水准网布设于一等水准网内，是国家高程控制网的基础。国家三等、四等水准网为国家高程控制网的进一步加密，为地形测图和工程建设提供高程控制点。

以国家水准网为基础，城市高程控制测量分为二等、三等、四等，根据城市范围的大小，其首级高程控制网可布设成二等或三等水准网，用三等或四等水准网做进一步加密，在四等以下再布设直接为测图用的图根水准网，表3-3为主要技术指标。

在小区域范围内建立高程控制网，应根据测区面积大小和工程要求，采用分级建设的方法。一般情况下，是以国家或城市等级水准点为基础，在整个测区建立三等、四等水准网或水准路线，用图根水准测量或三角高程测量测定图根点的高程。

城市水准测量主要技术指标　　　　　　　　表3-3

等级	每公里高差中误差（mm）		路线长度（km）	测段往返测高差不符值（mm）	附合或环线闭合差	
	偶然中误差	全中误差			平地（mm）	山地（mm）
二等	±1	±2	400	±4$\sqrt{R}$	±4$\sqrt{L}$	—
三等	±3	±6	45	±12$\sqrt{R}$	±12$\sqrt{L}$	±4$\sqrt{n}$
四等	±5	±10	15	±20$\sqrt{R}$	±20$\sqrt{L}$	±6$\sqrt{n}$
图根	±10	±20	8		±40$\sqrt{L}$	±12$\sqrt{n}$

注：1. 结点之间或结点与高级点之间，其路线的长度、不应大于表中规定的0.7倍；
　　2. R 为测段长度，单位为 km；L 为附合或环线的长度，单位为 km；n 为测站数。

2. 坐标正算、反算

（1）坐标正算

如图 3-3 所示，设已知一点 A 的坐标（x_A，y_B）、边长 D_{AB}、坐标方位角 α_{AB}，求 B 点的坐标（x_B，y_B），称为坐标正算。

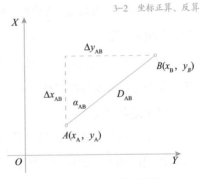

3-2　坐标正算、反算

$$x_B = x_A + \Delta x_{AB}$$
$$y_B = y_A + \Delta y_{AB} \tag{3-1}$$

Δx 称为纵坐标增量，Δy 称为横坐标增量。

通过三角函数可计算得出：

图 3-3　坐标正算、反算

$$\Delta x_{AB} = D_{AB} \cdot \cos\alpha_{AB}$$
$$\Delta y_{AB} = D_{AB} \cdot \sin\alpha_{AB} \tag{3-2}$$

故 B 点坐标计算式为：

$$x_B = x_A + D_{AB} \cdot \cos\alpha_{AB}$$
$$y_B = y_A + D_{AB} \cdot \sin\alpha_{AB} \tag{3-3}$$

（2）坐标反算

如图 3-3 所示，设已知两点 A、B 的坐标，求坐标方位角 α_{AB} 和边长 D_{AB}，称为坐标反算。

由反三角函数可计算得出直线 AB 的象限角 R_{AB}：

$$R_{AB} = \tan^{-1}\frac{|\Delta y_{AB}|}{|\Delta x_{AB}|} \tag{3-4}$$

依据坐标增量 Δy_{AB} 和 Δx_{AB} 正负关系确定直线位于第几象限。直线 AB 的坐标方

位角 α_{AB} 就可以通过坐标方位角与象限角关系换算得出，换算关系见表 2-33。

边长 D_{AB} 可由式（3-5）计算得出：

$$D_{AB} = \sqrt{\Delta x_{AB}^2 + \Delta y_{AB}^2} \qquad (3-5)$$

任务 3.2　导线测量

1. 导线形式

导线是建立小地区平面控制网的一种常用的方法，其布设和观测简单、方便、快捷，特别是在地物分布较复杂的城市建筑区、视线障碍较多的隐蔽区和带状地区，多采用导线测量的方法。

按照不同的布设形式，单一导线分为闭合导线、附合导线和支导线三种形式。

（1）闭合导线

由某一已知点出发，经过若干点的连续折线最终回到已知点，形成一个闭合多边形，称为闭合导线，如图 3-4 所示。

（2）附合导线

由某一已知点出发，经过若干点的连续折线后终止于另一个已知点上，形成的导线称为附合导线，如图 3-5 所示。

（3）支导线。由某一已知点出发，既不附合到另一已知点，又不闭合到初始控制点的导线，称为支导线，如图 3-6 所示。一般只限于地形测量的图根导线中采用，且其支出的控制点数一般不超过 2 个。

2. 导线测量外业工作

1）踏勘选点。在进行外业测量之前，首先应调查、收集测区范围内已有的地形图、影像图、控制点的成果等资料，并初步设计拟定控制点、

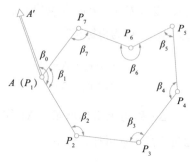

图 3-4　闭合导线

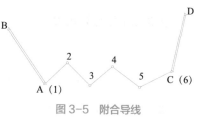

图 3-5　附合导线

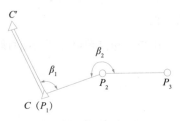

图 3-6　支导线

3-3 导线测量的
外业与内业工作

导线的布设方案。准备工作完成后，进行实地踏勘，按照设计方案核对、修改、落实点位，必要时可修改设计方案。

实地选点时，应注意下列几点：

①相邻点间要求通视良好。如采用钢尺丈量导线边长，则沿线地势应较平坦，没有障碍物。

②点位应选在土质坚实处，便于保存标志和安置仪器。

③在点位上，视野应开阔，便于测绘周围的地物和地貌。

④导线各边的边长应参照表3-2的规定，最长不超过平均边长的2倍，相邻导线边长尽量相等。

⑤导线点应有足够的密度，且均匀分布在测区，便于控制整个测区。

⑥导线点选定后，要埋设点位。一般导线点可埋设临时性标志。可在每一点位上打一大木桩，并在桩顶钉一小钉，作为临时性标志，如图3-7所示；若在碎石或沥青路面上，可以用顶上凿有十字纹的大铁钉代替木桩。

若导线点需要保存的时间较长，就要埋设混凝土桩或石桩，如图3-8所示，桩顶刻"十"字，作为永久性标志。导线点应统一编号，导线点在地形图上的表示符号，如图3-9所示，图中的2.0表示符号正方形的长宽为2mm，1.6表示符号圆的直径为1.6mm。

导线点埋设后，为便于观测时寻找，可以在点位附近房角或电线杆等明显地物上用红油漆标明指示导线点的位置。并应为每一个导线点绘制一张点之记，如图3-10所示。

2）导线边长测量。导线的边长可用检定过的光电测距仪、全站仪测量。若用钢尺进行量距，钢尺必须经过检定。

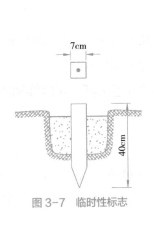

图3-7 临时性标志

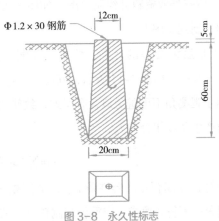

图3-8 永久性标志

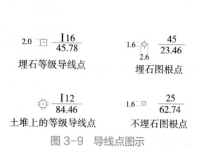

图 3-9　导线点图示

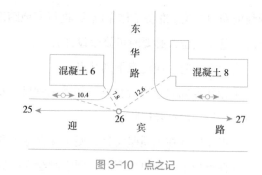

图 3-10　点之记

3）角度测量。导线的转折角采用测回法观测，限差需满足规范要求。

导线测角工作中，观测左转折角（位于导线前进方向左侧的角）或右转折角（位于导线前进方向右侧的角）均可，在闭合导线中一般测内角。观测的左或右转折角与导线前进方向的坐标方位角推导公式相关，详见项目 2 坐标方位角推算部分内容。

4）导线联测。导线联测是指新布设的导线与高等级控制点的连接测量，目的是取得新布设导线的起算数据，即导线起始点的坐标及起算方位角。如图 3-4 所示的闭合导线示意图，此闭合导线与 A、B 两个高等级控制点连接，还需测定连接角 β_0 进行定向。连接角应按高一等级导线的技术要求进行观测。

3. 导线测量的内业工作

导线测量的内业工作主要是通过外业测量的数据资料求解各导线点的平面直角坐标。计算之前，应按规范技术要求对导线测量外业成果进行全面检查和验算，检查数据是否齐全，有无记错、算错，确保观测成果正确无误并符合各项限差要求。及时补测出现问题的数据，然后对观测边长进行相应改正，以消除或减弱系统误差的影响，确保起算数据准确。

（1）闭合导线内业计算

1）检查外业资料并绘制草图。如图 3-11 所示，将已知方位角、坐标和外业测量的数据绘制到草图上。

2）角度闭合差的计算、检核、分配。根据平面几何原理，n 边形内角和应为 $(n-2) \times 180°$，如图 3-11 所示，五边形内角和理论值 $\sum \beta = 540°00'00''$。

由于观测角不可避免地含有误差，致使实测的内角之和 $\sum \beta_{测}$ 不等于内角和的理论值，而产生角度闭合差 f_β，为：

$$f_\beta = \sum \beta_{测} - \sum \beta_{理} \qquad (3-6)$$

计算角度闭合差的容许值 $f_{\beta容}$，如图根导线：$f_{\beta容} = \pm 40\sqrt{n}\ ''$。若 $f_\beta > f_{\beta容}$，则说明所测角度不符合要求，应重新观测角度。若 $f_\beta \leq f_{\beta容}$，则可将角度闭合差 f_β 按"反

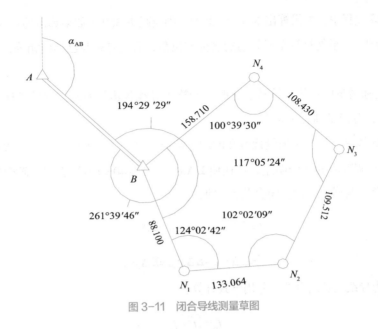

图 3-11 闭合导线测量草图

号平均分配"的原则,计算各观测角的改正数 v_β。

$$角度改正数为:v_\beta = -f_\beta / n \tag{3-7}$$

式中 n——转折角个数。

将 v_β 加到各观测角 β_i 上,最终计算出改正后的角值 $\hat{\beta}_i$,即:

$$\hat{\beta}_i = \beta_i + v_{\beta i} \tag{3-8}$$

改正后的内角和应为 $(n-2) \times 180°$,以作计算校核。

如图 3-11 所示,$\sum \beta_测 = 899°59'00''$ 其角度闭合差为:$f_\beta = -60''$

$f_\beta \leq f_{\beta 容}$,可以进行角度闭合差分配。

五边形闭合导线的计算实例 $f_\beta = -60''$,共有 6 个观测角(包括 1 个连接角),故每个观测角分配改正值 +10″。依次计算各转折角值的改正数,观测值加上角度改正数作为并计算改正后的角值,将它们记录到表 3-4 中。

3)坐标方位角的推算。根据起始方位角及改正后的转折角,根据观测的是左角或右角,可按式(3-9),依次推算各边的坐标方位角,填入表 3-4 中。注意:由已知的联测边转入导线边时的连接角时,需根据导线前进路线取该连接角值。

$$\alpha_前 = \alpha_后 + \beta_左 - 180° \text{ 或 } \alpha_前 = \alpha_后 + 180° - \beta_右 \tag{3-9}$$

依次将闭合导线各直线段坐标方位角推算出来并记录到表 3-4 闭合导线坐标计算表中。

在推算过程中，如果算出的 $\alpha_{前} > 360°$，则应减去 $360°$；如果算出的 $\alpha_{前} < 0°$，则应加上 $360°$。可最终推算至起始边的坐标方位角，看其是否与已知值相等，以此作为计划校核。

4）坐标增量的计算、检核、分配。计算出导线各边的两端点间的纵横坐标增量 Δx 及 Δy，并记录到表 3-4 中。

闭合导线纵、横坐标增量代数和的理论值应分别为零，实际上由于测边的误差和角度闭合差调整后的残余误差，往往使 $\Sigma\Delta x_{测}$、$\leqslant \pm 40\sqrt{n}$ 不等于零，而产生纵坐标增量闭合差 f_x 与横坐标增量闭合差 f_y，即：

$$f_x = \Sigma\Delta x_{测} - \Sigma\Delta x_{理} = \Sigma\Delta x_{测} \tag{3-10}$$

$$f_y = \Sigma\Delta y_{测} - \Sigma\Delta y_{理} = \Sigma\Delta y_{测} \tag{3-11}$$

f_D 称为导线全长闭合差，并用下式计算：

$$f_D = \sqrt{f_x^2 + f_y^2} \tag{3-12}$$

将 f_D 与导线全长 ΣD 相比，用相对误差 k 来表示导线测量的精度水平，即：

$$k = \frac{f_D}{\Sigma D} = \frac{1}{\Sigma D / f_D} \tag{3-13}$$

以导线全长相对闭合差 k 来衡量导线测量的精度，k 的分母越大，精度越高。不同等级的导线全长相对闭合差的容许值 $k_{容}$ 可在表 3-2 中查询。

若 $k > k_{容}$，则说明测量不合格，首先应检查内业计算过程有无错误，若无误，再检查外业观测成果资料，必要时应重测。若 $k \leqslant k_{容}$，则说明测量符合相应等级的精度要求，可以对闭合差进行分配调整，即将 f_x、f_y 按照反符号正比例的原则计算导线各边的纵、横坐标增量改正数，然后相应加到导线各边的纵、横坐标增量中去，求得各边改正后的坐标增量。以 v_{xi}、v_{yi} 分别表示第 i 边的纵、横坐标增量改正数，则有：

$$v_{xi} = -\frac{f_x}{\Sigma D} \cdot D_i \tag{3-14}$$

$$v_{yi} = -\frac{f_y}{\Sigma D} \cdot D_i \tag{3-15}$$

计算的各导线边纵、横坐标增量的改正数加上导线各边纵、横坐标增量值，即得导线各边改正后的纵、横坐标增量，填入表 3-4 中。

改正后的导线纵、横坐标增量之代数和应分别为零，以做计算校核。

表3-4

闭合导线坐标计算表

$$R_{AB}=\arctan\left|\frac{125.301}{-100.074}\right|=51°23'12''$$

点	x	y
A	1640.460	1111.401
B	1540.386	1236.702

点号	角度观测值 ° ′ ″	改正数 ″	改正后角度 ° ′ ″	坐标方位角 ° ′ ″	边长（m）	坐标增量（m） Δx	坐标增量（m） Δy	坐标增量改正数（mm） vΔx	坐标增量改正数（mm） vΔy	改正后坐标增量（m） Δx	改正后坐标增量（m） Δy	坐标（m） x	坐标（m） y
	2	3	4	5	6	7	8	9	10	11	12	13	14
A				128 36 48									
B	194 29 29	+10	194 29 39	143 06 27	88.100	−70.459	+52.888	−11	+13	−70.470	+52.901	1540.386	1236.702
J₁	124 02 42	+10	124 02 52	87 09 19	133.064	+6.604	+132.900	−17	+20	+6.587	+132.920	1469.916	1289.603
J₂	102 02 09	+10	102 02 19	9 11 38	109.512	+108.105	+17.497	−14	+17	+108.091	+17.514	1476.503	1422.523
J₃	117 05 24	+10	117 05 34	306 17 12	108.430	64.172	−87.402	−14	+17	64.158	−87.385	1584.594	1440.037
J₄	100 39 30	+10	100 39 40	226 56 52	158.710	−108.346	−115.974	−20	+24	−108.366	−115.950	1648.752	1352.652
B	261 39 46	+10	261 39 56	308 36 48								1540.386	1236.702
A													
Σ	899 59 00				Σ=597.811	Σ=76	Σ=−91mm	Σ=−76	Σ=91				

$f_\beta=-60''$ $f_x=0.076m$ $f_y=-0.091m$ $f=0.118m$ $K=\dfrac{0.118}{597.811}=\dfrac{1}{5000}$

（略图：闭合导线 A—B—J₁—J₂—J₃—J₄，各点观测角度 194°29′29″、100°39′30″、117°05′24″、102°02′09″、124°02′42″、261°39′46″，边长 158.710、108.430、109.512、133.064、88.100，方位角 α_AB）

5）导线点坐标计算。由起始点的已知坐标和改正后的坐标增量就可依次推算得出各导线点的坐标。

$$x_{n+1}=x_n+\Delta\hat{x}_{改}$$ （3-16）

$$y_{n+1}=y_n+\Delta\hat{y}_{改}$$ （3-17）

将算得的坐标值填入表 3-4 中，最后还应推算起点的坐标，其值应与原有的数值相等，以作检核。

（2）附合导线内业计算

如图 3-12 所示的双定向附合导线，两端依附于已知点 B、C，连测已知方位角 α_{AB}、α_{CD}，观测了各导线边边长 D 及转折角 β。A、B、C、D 均为高级控制点，它们的坐标已知，起始边 AB 和终止边 CD 的坐标方位角 α_{AB}，α_{CD} 可通过坐标反算求得。

附合导线坐标计算是按一定的次序在表 3-5 中进行。计算前应检查外业观测成果是否符合技术要求，然后将角度、起始边方位角、边长和起算点坐标分别填入表 3-5 中的 2 栏、4 栏、5 栏、13 栏、14 栏。计算时还应绘制导线略图。

附合导线的坐标计算基本与闭合导线相同，但由于附合导线两端和已知点相连，所以在角度闭合差和坐标增量闭合差上有所不同。

1）角度闭合差的计算。A、B、C、D 均为上一级控制点且坐标已知，起始边 AB 和终止边 CD 的坐标方位角 α_{AB}，α_{CD} 通过坐标反算求得。由起始方位角 α_{AB} 经各转折角推算终止边的方位角 α'_{CD} 与已知值 α_{CD} 不相等，其差数即为附合导线角度闭合差 f_β，即：

$$\alpha'_{CD}=\alpha_{AB}+\Sigma\beta_{左}-n\cdot180°$$ （3-18）

则角度闭合差为：

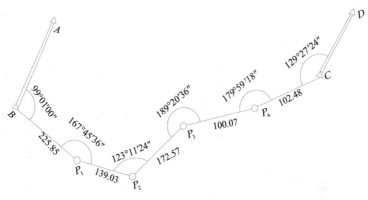

图 3-12　附合导线计算简图

表3-5

附合导线坐标计算实例

略图与备注

点	x	y
A	2603.177	1368.392
B	2507.690	1215.630
C	2166.720	1757.290
D	2273.831	1871.186

$R_{AB}=\arctan\left|\dfrac{-152.762}{-95.487}\right|=57°59'30''$

$R_{CD}=\arctan\left|\dfrac{113.896}{107.111}\right|=46°45'30''$

点名	角度观测值 (° ′ ″)	改正数 (″)	改正后角度 (° ′ ″)	坐标方位角 (° ′ ″)	边长 (m)	坐标增量 Δx (m)	Δy (m)	坐标增量改正数 vΔx (cm)	vΔy (cm)	改正后坐标增量 Δx	Δy	坐标 x	y
	2	3	4	5	6	7	8	9	10	11	12	13	14
A													
B	99 01 00	+7	99 01 07	157 00 37	225.85	−207.91	+88.21	+4	−4	−207.87	+88.17	2507.69	1215.63
P_1	167 45 36	+7	167 45 43	144 46 20	139.03	−113.57	+80.20	+2	−2	−113.55	+80.18	2299.82	1303.80
P_2	123 11 24	+7	123 11 31	87 57 51	172.57	+6.13	+172.46	+3	−3	+6.16	+172.43	2186.27	1383.98
P_3	189 20 36	+7	189 20 43	97 18 34	100.07	−12.73	+99.26	+2	−1	−12.71	+99.25	2192.43	1556.41
P_4	179 59 18	+7	179 59 25	97 17 59	102.48	−13.02	+101.65	+2	−2	−13.00	+101.63	2179.72	1655.66
C	129 27 24	+7	129 27 31	46 45 30								2166.72	1757.29
D													
Σ	888 45 18				Σ=740.00	Σ=−341.10	Σ=541.78						

$\alpha_{CD}-\alpha_{AB}=-191°14'00''\qquad f_{\beta}=-42''\qquad f_x=-0.13\text{m}\qquad f_y=+0.12\text{m}\qquad f=0.18\text{m}\qquad K=\dfrac{0.18}{740}=\dfrac{1}{4000}$

连接角为左角时 $f_\beta = \alpha'_{CD} - \alpha_{CD} = \alpha_{AB} + \Sigma\beta_左 - n \cdot 180° - \alpha_{CD}$

或者连接角为右角时 $f_\beta = \alpha'_{CD} - \alpha_{CD} = \alpha_{AB} - \Sigma\beta_右 + n \cdot 180° - \alpha_{CD}$ （3-19）

或将上式写成一般式为：

$$\left.\begin{array}{l} f_\beta = (\alpha_始 - \alpha_终) + \Sigma\beta_左 - n \cdot 180° \\ f_\beta = (\alpha_始 - \alpha_终) - \Sigma\beta_右 + n \cdot 180° \end{array}\right\} \qquad （3-20）$$

必须特别注意，在调整角度闭合差时，若观测角为左角，则应以与闭合差相反的符号分配角度闭合差；若观测角为右角，则应以与闭合差相同的符号分配角度闭合差。

2）坐标增量闭合差的计算。附合导线的起点及终点均是已知的高级控制点，其误差可以忽略不计。附合导线的纵、横坐标增量的总和，在理论上应等于终点与起点的坐标差值，即：

$$\left.\begin{array}{l} \Sigma\Delta x_理 = x_终 - x_始 \\ \Sigma\Delta y_理 = y_终 - y_始 \end{array}\right\} \qquad （3-21）$$

由于量边和测角有误差，因此算出的坐标增量总和 $\Sigma\Delta x_测$ 与 $\Sigma\Delta y_测$ 与理论值不相等，其差数即为坐标增量闭合差：

$$\left.\begin{array}{l} f_x = \Sigma\Delta x_测 - (x_终 - x_始) \\ f_y = \Sigma\Delta y_测 - (y_终 - y_始) \end{array}\right\} \qquad （3-22）$$

附合导线坐标计算实例见表3-5。

（3）支导线内业计算

支导线中没有检核条件，因此没有闭合差产生，导线转折角和计算的坐标增量均不需要进行改正。支导线的计算步骤为：

1）根据观测的转折角推算各边的坐标方位角。

2）根据各边坐标方位角和边长计算坐标增量。

3）根据各边的坐标增量推算各点的坐标。

实训3-1　全站仪导线测量

1. 实验目的

（1）了解导线常采用的形式，掌握导线的选点与布设过程。

（2）掌握全站仪导线测量的外业测量和内业计算。

2. 实验器具

全站仪 1 台、三脚架、标杆和测钎各 2 根、棱镜 1 个（全站仪用）、木桩（铁钉）、铁锤一把、记录和计算手簿、铅笔、计算器等。

3. 实验内容

（1）全站仪导线测量外业

1）选点。在实训场地上，选定适当数量的导线控制点，并打上木桩进行标定和编号，构成闭合导线形式。

2）测角。采用全站仪测回法测定每个转折角，测角中误差一般不超过 30″。

3）量边。对相邻点间的导线边长进行测量，利用全站仪测距功能。

4）联测。当采用的控制有高一级的首级控制网点时采用，图根控制与高一等级控制网联测获取与高一等级控制网相一致的平面坐标系统。主要工作为测角。如果控制采用独立坐标系时，不用联测。

（2）导线技术要求

光电测距导线测量的技术要求见表 3-6。

光电测距导线测量的技术要求　　　　　　　　　表3-6

比例尺	导线长度（m）	平均边长（m）	导线相对闭合差	角度测回数（DJ$_6$）	方位角闭合差（″）	测距	
						仪器等级	观测次数
1：500	900	80					
1：1000	1800	150	1/4000	1	$\leq \pm 40\sqrt{n}$	Ⅱ级	单程观测 1 测回
1：1000	3000	250					

注：n 为测站数。

（3）导线测量的内业

导线测量的内业工作主要有方位角闭合差的计算和调整、坐标增量闭合差计算和调整、导线全长绝对闭合差和相对闭合差计算、坐标增量闭合差调整、坐标计算等几个步骤，具体计算过程请参见教材。

4. 实训注意事项

（1）导线选点时一般要求采用逆时针编号。

（2）导线转折角度测量时一般测左角。

5. 实训成果提交和实训效果评价

（1）要求上交以下资料

全站仪导线测量外业记录表见表 3-7。

（2）实训效果评价

实训效果评价表见表3-8。

全站仪导线测量外业记录表　　　　　　　　　表3-7

日期：＿＿＿年＿＿＿月＿＿＿日　　天气：＿＿＿＿＿　　仪器型号：＿＿＿＿＿＿＿

组号：＿＿＿＿＿＿　　　　　　观测者：＿＿＿＿　　记录者：＿＿＿＿＿＿＿

测点	盘位	目标	水平度盘读数 ° ′ ″	水平角		示意图及边长
				半测回值 ° ′ ″	一测回值 ° ′ ″	
						边长名：＿＿＿＿＿＿ 第一次 =＿＿＿＿m； 第二次 =＿＿＿＿m。 边长名：＿＿＿＿＿＿ 第一次 =＿＿＿＿m； 第二次 =＿＿＿＿m
						边长名：＿＿＿＿＿＿ 第一次 =＿＿＿＿m； 第二次 =＿＿＿＿m。 边长名：＿＿＿＿＿＿ 第一次 =＿＿＿＿m； 第二次 =＿＿＿＿m
						边长名：＿＿＿＿＿＿ 第一次 =＿＿＿＿m； 第二次 =＿＿＿＿m。 边长名：＿＿＿＿＿＿ 第一次 =＿＿＿＿m； 第二次 =＿＿＿＿m

实训效果评价表　　　　　　　　　表3-8

日期：＿＿＿＿　　　班级：＿＿＿＿　　　组别：＿＿＿＿

实训任务名称	
实训技能目标	
主要仪器及工具	
任务完成情况	是否准时完成任务
任务完成质量	成果精度是否符合要求，记录是否规范完整
实训纪律	实训是否按教学要求进行
存在的主要问题	

任务 3.3　GNSS 测量

1.GNSS 测量概述

GNSS 的全称是全球导航卫星系统（Global Navigation Satellite System），它是泛指所有的全球卫星导航系统以及区域和增强系统，它利用包括美国的 GPS、俄罗斯的 GLONASS、欧洲的 GALILEO、中国的 BDS（北斗卫星导航系统），美国的 WAAS（广域增强系统）、欧洲的 EGNOS（欧洲静地导航重叠系统）和日本的 MSAS（多功能运输卫星增强系统）等卫星导航系统中的一个或多个系统进行导航定位，并同时提供卫星的完备性检验信息（Integrity Checking）和足够的导航安全性告警信息。

GNSS 的基本原理：测量出已知位置的卫星到用户接收机之间的距离，然后综合多颗卫星的数据就可知道接收机的具体位置。要达到这一目的，卫星的位置可以根据星载时钟所记录的时间在卫星星历中查出。而用户到卫星的距离则通过记录卫星信号传播到用户所经历的时间，再将其乘以光速得到。由于大气层电离层的干扰，这一距离并不是用户与卫星之间的真实距离，而是伪距（PR）：当 GPS 卫星正常工作时，会不断地用 1 和 0 二进制码元组成的伪随机码（简称伪码）发射导航电文。

2. GNSS 控制测量

（1）GNSS 图根平面控制

用 GNSS 方法测定图根点平面坐标可采用静态、快速静态以及 GNSS–RTK（实时动态）定位方法，作业要求应按《卫星定位城市测量技术标准》CJJ/T 73 执行。GNSS 网可采用多边形环、附合路线和插点等形式；GNSS 外业观测应采用精度不低（$10mm+2ppm \times D$）的各种单频或双频 GNSS 接收机，卫星截止高度角 10°，历元间隔 20s；GNSS 网平差计算采用与地面数据进行联合平差。

（2）GNSS 测量的外业实施

GNSS 测量与常规测量相似，在实际工作中可划分为方案设计、外业实施及内业数据处理三个阶段。其外业实施包括：GNSS 点的野外选点、埋设标志、观测数据采集、数据传输及数据预处理等工作。

1）经典静态定位作业模式。采用 2 台或 2 台以上接收设备，分别安置在一条或数条基线的两个端点。同步观测 4 颗以上卫星，作业可布置成三角网，作业时长一般为 45min~2h。基线的定位精度可达 $5mm+1ppm \times D$，D 为基线长度（km）。该模式通常适用于建立国家级大地控制网，建立长距离检校基线，进行岛屿与大陆联测，建立精密工程控制网等。

2）快速静态定位作业模式。该方法为在测区中部选择一个基准站，并安置一台接收设备连续跟踪所有可见卫星，安置另一台接收机依次到各流动设站，每点观测数分钟。精度上流动站相对于基准站的基线中误差为 $5mm \pm 1ppm \times D$，通常适用于控制网的建立与加密，工程测量、地籍测量、大批相距百米左右点位定位。其优点是作业速度快、精度高、能耗低，但由于两台接收机工作时构不成闭合图形，可靠性差。

3）动态定位。建立一个基准点安置接收机连续跟踪所有可见卫星，流动接收机先在出发点上静态观测数分钟，然后开始连续运动，按指定的时间间隔自动运动载体的实时位置，精度上可达厘米级，相对于基准点的瞬时点位精度为 1~2cm，动态定位时要连续跟踪，流动点与基准点距离不超过 20km。

4）GNSS-RTK（实时动态）定位技术简介。RTK（Real-time kinematic，实时动态）载波相位差分技术，是实时处理两个测量站载波相位观测量的差分方法，将基准站采集的载波相位发给用户接收机，进行求差解算坐标，它是 GNSS 测量技术发展中的一个新突破。其基本思想是：在基线上安置一台 GNSS 接收机，对所有可见 GNSS 卫星进行连续地测量，将其观测数据通过无线电传输设备实时地发送给用户观测站。在用户站上 GNSS 接收机在接收 GNSS 微信信号的同时，通过无线电接收设备，接收基准站传输的观测数据，然后根据相对定位原理，实时地计算并显示用户站的三维坐标及其精度。目前实时动态测量采用的作业模式，主要有快速静态测量、准动态测量、动态测量。

GNSS 外业测量需满足技术精度要求，各级 GNSS 测量作业基本技术要求见表 3-9，表 3-10 为《工程测量标准》GB 50026 的技术要求。

各级GNSS测量作业基本技术要求　　　　　　　　表3-9

级别 \ 项目	B	C	D	E
卫生截止高度角（°）	10	15	15	15
同时观测有效卫星数	≥ 4	≥ 4	≥ 4	≥ 4
有效观测卫星总数	≥ 20	≥ 20	≥ 4	≥ 4
观测时段数	≥ 3	≥ 2	≥ 1.6	≥ 1.6
时段长度	≥ 23h	≥ 4h	≥ 60min	≥ 40min
采样间隔（s）	30	10~30	5~15	5~15

3. GNSS 控制点的选择

由于 GNSS 观测站之间不一定要求相互通视，而且网的图形结构比较灵活，故选点比常规控制测量的选点要简便。通常应遵守以下原则：

《工程测量标准》GB 50026中各级GNSS测量作业基本技术要求　　表3-10

等级		二等	三等	四等	一级	二级
接收机类型		双频或单频	双频或单频	双频或单频	双频或单频	双频或单频
仪器标称精度		10+2mm	10-5mm	10+5mm	10+5mm	10+5mm
观测量		载波相位	载波相位	载波相位	载波相位	载波相位
卫星高度角（°）	静态	≤ 15	≤ 15	≤ 15	≤ 15	≤ 15
	快速静态	—	—	—	≤ 15	≤ 15
有效观测卫星数	静态	≥ 5	≥ 5	≥ 4	≥ 4	≥ 4
	快速静态	—	—	—	≤ 5	≤ 5
观测时段长度（min）	静态	≥ 90	≥ 60	≥ 45	≥ 30	≥ 30
	快速静态	—	—	—	≤ 15	≤ 15
数据采样间隔（s）	静态	10~30	10~30	10~30	10~30	10~30
	快速静态	—	—	—	5~15	5~15
几何图形强度因子PDOP		≤ 6	≤ 6	≤ 6	≤ 8	≤ 8

（1）点位应设在易于安装接收设备、视野开阔的较高点上。

（2）点位目标要显著，视场周围15m以上不应有障碍物，以减少GNSS信号被遮挡。

（3）点位应远离功率无线电发射源，其距离不小于200m，原理高压输电线，其距离不小于50m，以避免电磁场对GNSS信号的干扰。

（4）点位附近不应有大面积水域或不应有强烈干扰卫星信号接收的物体，减弱多路径效应的影响。

（5）点位应选在交通便利，利用其他常规测量手段扩展与联测的地方。

（6）地面基础稳定，易于长期保存控制点。

（7）充分利用符合要求的已有控制点。

（8）选点人员应按技术设计进行实地踏勘，在测区按要求选定点位。

（9）各级GNSS点可视需要设立与其通视的方位点应目标明显，方便观测，且距离GNSS网点一般不小于300m。

（10）不论新选的点还是利用原有的控制点，均应在实地绘制点之记，现场详细记录，不得追记。

（11）点位周围高于10m上方有障碍物时，应绘制点的环视图。

（12）GNSS控制点一般应埋设具有中心标志的标石，标石制作与埋设应按照《全球定位系统（GPS）测量规范》GB/T 18314执行。点的标石和标志必须稳定、坚固，利于长久保存和利用。

（13）GNSS 点号编制时，应整体考虑，统一编号，适用于计算机管理。

4. 观测记录

观测记录均由接收机自动进行，均记录在存储介质上，主要内容有：

（1）载波相位观测值及相应的观测历元，卫星历元及卫星钟差参数。

（2）统一历元测码伪距观测值。

（3）实时绝对定位结果，测站控制信息及接收机工作状态信息。

实训 3-2 RTK 定位技术实训

1. 实训目的

（1）了解 RTK 技术特点。

（2）掌握 GPS 接收机观测作业步骤。

2. 实训器材

根据各校条件配置，建议 GPS 基准站主机 1 台与流动站接收机 2 台，脚架 1 个，可移动可连接接收机对中杆 2 个，钢卷尺 1 把。

3. 实训内容

（1）RTK 技术简介

实时动态（RTK）定位技术是以载波相位观测值为根据的实时差分 GPS 技术，它是 GPS 测量技术发展的一个新突破，在测绘、交通、能源、城市建设等领域有着广阔的应用前景。实时动态定位（RTK）系统由基准站、流动站和数据链组成，通过无线电传输设备接收基准站上的观测数据，流动站上的计算机（手簿）根据相对定位的原理实时计算显示出流动站的三维坐标和测量精度。这样用户就可以实时监测待测点的数据观测质量和基线解算结果的收敛情况，根据待测点的精度指标，确定观测时间，从而减少冗余观测，提高工作效率。RTK 技术有着常规测量仪器不可比拟的优点：

· 作业效率高。在一般的地形地势下，高质量的 RTK 设站一次即可测完 5km 半径的测区，大大减少了传统测量所需的控制点数量和测量仪器的"搬站"次数，仅需一人操作，每个放样点只需要停留 1 ~ 2s，就可以完成作业。

· 定位精度高。只要满足 RTK 的基本工作条件，在一定的作业半径范围内（一般为 5km），RTK 的平面精度和高程精度都能达到厘米级，且不存在误差积累。

· RTK 作业自动化、集成化程度高。RTK 可胜任各种测绘外业工作。和传统测量相比，RTK 技术作业受限因素少，几乎可以全天候作业。由于流动站配备了高效的手持操作手簿，其内置的专业软件可自动实现多种测绘功能，极大地减少了人为误差，保证了作业精度。

但经过多年的工程实践证明，RTK 技术仍然存在以下几方面不足。

· 受卫星状况限制。随着时间的推移和用户要求的日益提高，GPS 卫星的空间组成和卫星信号强度都不能满足当前的需要，部分地区受电离层影响明显，有时中午一段时间内 RTK 测量很难得到固定解。由于信号强度较弱，对空遮挡比较严重的地方，GPS 无法正常使用。

· 受对空通视环境影响。在山区、林区、城镇密楼区等地作业时，GPS 卫星信号被阻挡机会较多，信号强度低，卫星空间结构差，容易造成失锁，重新初始化困难甚至无法完成初始化，影响正常作业。

· 受数据链电台传输距离影响。数据链电台信号在传输过程中易受外界环境影响，如高大山体、建筑物和各种高频信号源的干扰，严重影响外业精度和作业半径。另外当 RTK 作业半径超过一定范围时，测量结果误差超限。

· 受高程异常问题影响，RTK 作业模式要求高程的转换必须精确，但我国现有的高程异常分布图在有些地区（尤其是山区）存在较大误差，在有些地区还是空白，这就使得将 GPS 大地高程转换至海拔高程的工作变得比较困难，精度也不均匀，影响 RTK 的高程测量精度。

· 在稳定性方面不及全站仪，这是由于 RTK 较容易受卫星状况、天气状况、数据链传输状况影响的缘故。

（2）RTK 技术的应用

1）RTK 在测图方面的应用。RTK 技术在测图工作中的应用越来越普及，尤其是在外界环境利于 GPS 的地区其测图效率远远高于其他测量方法，并且其测量精度也能够保证。我们以南方 GPS-RTK（S86T）系统为例，对 RTK 测图进行简要的介绍。

①安装仪器。安置 GPS 基准站，并对基准站进行设置。如图 3-13 所示，此型号基站控制面板共有 4 个指示灯、3 个控制按钮，其功能如下：

TX 为信号发射灯，每 1s 闪烁一下；

RX 为信号接收灯，每 1s 闪烁一下；

BT 为蓝牙灯，常亮；

DATA 为数据指示灯，每 1s 闪烁一下；

F1、F2 为选择功能键；

RESET 为强制主机关机键。

图 3-13　基准站架立

②蓝牙连接。将主机模式设置好之后就可以用手簿进行蓝牙连接了。首先将手簿设置如下：

"开始"→"设置"→"控制面板"，在控制面板窗口中双击"Bluetooth 设备属性"，如图 3-14 所示。在蓝牙设备管理器窗口选择"设置"，选择"启用蓝牙"，点击"OK"关闭窗口。在蓝牙设备管理器窗口，点击扫描设备，如果在附近（12m 的范围内）有上述主机，"蓝牙管理器"对话框将显示搜索结果。搜索完毕后选择你要连接的主机号，点击"确定"关闭窗口即可。

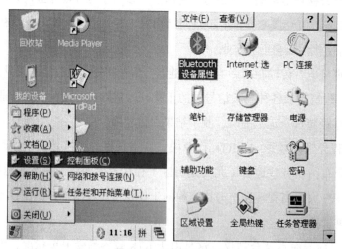

图 3-14　手簿蓝牙设置

注：整个搜索过程可能持续 10s~1min，请耐心等待（周围蓝牙设备越多所需时间越长）。

③仪器初始化。打开电子手簿中的"工程之星"软件，通过配置选项中的端口设置来读取主机信息，启动基准站。

④求转换参数校正。在新建工程中设置当地所采用的坐标系统，选择工程之星中输入选项，进行求解转换参数对坐标进行校正。

⑤点位测量。RTK 测图工作即通过"工程之星"测量选项，如图 3-15 所示，进行点位测量，当软件中显示为固定解时即可进行采点工作，同时数据自动保存在手簿中。

2）RTK 在施工放样中的应用。工程施工放样也可以采用 RTK 技术进行快速放点、放线。在使用 RTK 进行放样前，对仪器的架立和设置与 RTK 测图的操作相同，准备工作进行完毕后，在"工程之星"软件中选择测量→点放样、直线放样、道路放样等功能，如图 3-16 所示。

如进行点位放样，首先选择相应的放样目标，放样点目标既可以通过"放样点坐

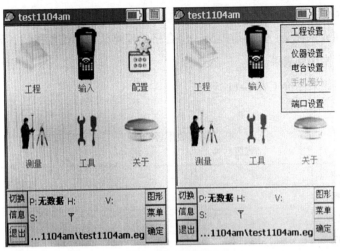

图 3-15　手簿配置

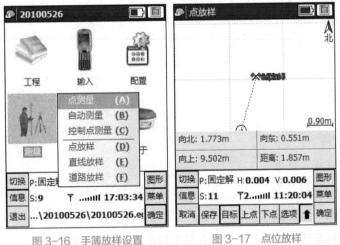

图 3-16　手簿放样设置　　　　图 3-17　点位放样

标库"选取，也可以通过手动输入进行，此时"工程之星"软件便能够显示当前点与放样点间相距的距离，如图 3-17 所示，重复放样工作直到点位精度满足要求即可。

4. 实训注意事项

（1）GPS 接收机为精密贵重仪器，实习时应严格遵守仪器使用规则，操作时需小心谨慎。

（2）电池安装时正、负极不可接错。

（3）开机后需检查有关指示灯是否正常，接收机开始记录数据后需注意查看观测卫星数量、实时定位结果及变化等信息。

（4）一个观测时间段中，不允许关闭又重启，改变接收机高度角等设置信息，正常测量时间应大于 20min。

5. 实训成果提交和实训效果评价

（1）实训成果提交：每小组提交一份合格的仪器认识与使用报告，导出各导线点测量记录，平差计算成果。

（2）实训效果评价（表3-11）

实训效果评价表　　　　　　　　　　表3-11

日期：　　　　　　班级：　　　　　　组别：

实训任务名称		
实训技能目标		
主要仪器及工具		
任务完成情况	是否准时完成任务	
任务完成质量	成果精度是否符合要求，记录是否规范完整	
实训纪律	实训是否按教学要求进行	
存在的主要问题		

课后习题

1. 填空题

（1）坐标正算是指＿＿＿＿＿＿＿＿＿＿＿＿＿＿＿＿＿＿＿。

（2）控制测量分为＿＿＿＿和＿＿＿＿控制测量，在＿＿＿＿km半径范围内建立的控制网，称为小区域控制网。

（3）坐标反算是根据两点平面直角坐标推算＿＿＿＿和＿＿＿＿。

（4）按不同布设形式，单一导线的布设形式有＿＿＿＿、＿＿＿＿和支导线三种。

（5）已知 AB 边坐标方位角 $\alpha_{AB}=165°15'36''$，AB 边水平距离 $D_{AB}=150.273$，A 点坐标为（1560.000，1236.000），则 Δx_{AB} 为＿＿＿＿，Δy_{AB} 为＿＿＿＿，B 点 X 坐标为＿＿＿＿，B 点 Y 坐标为＿＿＿＿。

2. 选择题

（1）下面关于控制网的叙述错误的是（　　　　）。

A. 国家控制网从高级到低级布设

B. 国家控制网按精度可分为 A 级、B 级、C 级、D 级、E 级五级

C. 国家控制网分为平面控制网和高程控制网

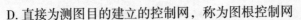

D. 直接为测图目的建立的控制网，称为图根控制网

（2）已知直线 AB 的起点 A 的坐标（3526.236，4800.365），终点 B 点坐标（3415.760，4923.126），则直线 AB 方位角为（   ）。

A. 48°00′54″   B. 131°59′06″   C. −48°00′54″   D. 311°59′06″

（3）坐标增量是两点平面直角坐标之（   ）。

A. 比   B. 和   C. 差   D. 积

（4）已知 α_{AB}=312°00′54″，D_{AB}=105.22，则$\triangle X_{AB}$，$\triangle Y_{AB}$ 分别为（   ）。

A. 70.43；78.18   B. 70.43；−78.18   C. −70.43；−78.18   D. −70.43；78.18

（5）已知一导线横坐标增量闭合差为 −0.08m，纵坐标增量闭合差为 +0.06m，导线全长为 392.90m，则该导线的全长相对闭合差为（   ）。

A. 1/4911   B. 1/6548   C. 1/4000   D. 1/3929

（6）某闭合导线，观测的内角分别为 β_1、β_2、β_3、β_4，其角度闭合差 f_β 为（   ）。

A. $(n+2)\cdot180°$

B. $\Sigma\beta-(n-2)\cdot180°$

C. $(n-2)\cdot180°$

D. $\Sigma\beta-(n+2)\cdot180°$

（7）导线测量的外业工作是（   ）。

A. 选点、测角、量边   B. 埋石、造标、绘草图

C. 距离丈量、水准测量、角度测量   D. 测角、量边

（8）下列不属于用 GNSS 方法测定图根点平面坐标的定位方法的是（   ）。

A. 经典静态   B. 快速静态   C.GNSS-RTK（实时动态）   D.GPS

3. 计算题

如图 3-18 所示，已知 α_{AB}=168°06′06″，α_{CD}=165°15′26″，试计算附合导线各边的方位角。（$f_{\beta 容}$=± $40\sqrt{n}$ ″）

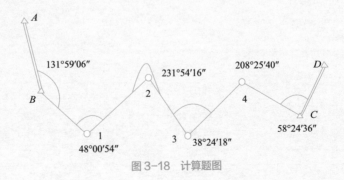

图 3-18 计算题图

项目 4
施工测量

 教学目标

学习目标

掌握施工测量基本工作内容和方法，能开展施工平面控制测量，掌握点的平面位置测设的方法，知晓坡度线的测设方法。

功能目标

（1）掌握已知水平角、已知水平距离、已知高程测设的原理、方法。

（2）能根据工程建设实际技术要求，能利用全站仪、经纬仪、水准仪开展施工放样，建立施工控制网并开展应用。

（3）掌握直角坐标法、极坐标法、后方交会法等点的平面位置测设方法与适用条件。

（4）能根据已知条件熟练开展放样数据的计算，并合理制定施工放样方案。

 工作任务

（1）能根据工程建设项目定位放线需要，建立施工控制，能熟练计算放样数，利用主流测绘仪器进行施工放样。

（2）熟练运用全站仪开展定位放线工作。

（3）能根据建筑总平面图和施工地区的地形条件、已有测量控制点分布情况，合理布设施工控制网。

各项工程在施工阶段所进行的测量工作称为施工测量，施工测量贯穿于建筑施工阶段的全过程。其主要任务包括：施工控制网的建立；将图纸上设计的建（构）筑物的平面位置和高程在实地标定的放样工作；每道施工工序完工后通过测量检查各部位的实际位置及高程是否与设计相符的检查、验收测量，以及工程竣工后测绘各种建（构）筑物的实际情况的竣工测量；在施工期间测定建（构）筑物在平面和高程方面产生的位移和沉降的变形观测等。施工放样工作也称为测设，是指根据已有的控制点或地物点，按工程设计要求，确定特征点与控制点或原有建筑物之间的角度、距离和高程关系，这些位置关系称为测设数据，然后利用测量仪器，根据测设数据将特征点测设到实地。竣工测量是建（构）筑物竣工验收时进行的测量工作，其主要成果是竣工总平面图、分类图、断面图，以及细部坐标和高程明细表等。变形观测是测定建（构）筑物及其地基在其本身荷重和外力作用下随时间而产生变形的工作。主要内容有：沉降观测、位移观测、倾斜观测、裂缝观测和挠度观测等，从历次观测的结果的比较来分析变形随时间发展的情况。变形观测是验证设计理论和检验施工质量的重要资料，是监测建筑是否安全的重要手段。

施工测量和测绘地形图一样，要遵循"从整体到局部""先控制后碎部"的原则，须在施工现场建立统一的平面控制网和高程控制网，并以此为基础，测设出各个建（构）筑物的细部。施工测量的精度要求取决于建（构）筑物的结构、大小、

4-1 施工测量
及其基本工作

用途和施工方法等，一般来说，高程建筑测量精度要高于多层建筑，自动化厂房的测量精度要高于一般工业厂房，钢结构建筑的测量精度要高于钢筋混凝土结构、砖石结构。若测量精度不够，将可能造成工程质量事故。为了使测设点位正确无误，须认真执行自检、互检制度。

任务 4.1　施工测量基本工作

施工测量的基本工作包括已知水平角测设、已知水平距离测设、已知高程测设，点的平面位置测设。

4.1.1　已知水平角测设

测设已知水平角就是根据水平角的已知数据和一个已知方向，把该角的另一个方向测设在地面上。

1. 一般方法

当角度测设精度要求不高时，可用经纬仪（或全站仪）盘左盘右取平均的方法，获得欲测设的角度。这种方法也称为正倒镜分中法。具体操作为：如图 4-1 所示，A 为已知点，AB 为已知方向，欲放样 β 角，标定 AC 方向。安置经纬仪于 A 点，先用盘左位置照准 B 点，使水平度盘读数为零，转动照准部使水平度盘读数恰好为 β 值，在此视线上定出 C' 点。然后用盘右位置照准 B 点，重复上述步骤，测设 β 角定出 C'' 点。最后取 $C'C''$ 的中点 C，则 $\angle BAC$ 就是要测设的 β 角。为了检核，应重新测定 $\angle BAC$ 的大小，并与已知的 β 水平角值进行比较，若相差值超过规定的范围，则应重新测设 β 角。

2. 精确方法

当角度测设精度要求较高时，可用精确测设的方法。如图 4-2 所示，设 AB 为已知方向，先用一般测设方法按欲测设的角值测设出 AC 方向并定出 C 点。然后再用测回法多测回测量 $\angle BAC$，将这几个测回所测得的角度取平均值可以得到一个角度 β'。由于有误差的存在，设计值 β 与测设值 β' 之间必定有一个差值 $\Delta\beta$。量取 AC' 的距离 D_{AC}'，计算垂距 e：

$$e = D_{AC}'\tan\Delta\beta \approx D_{AC}\Delta\beta/\rho'' \qquad (4-1)$$

式中　　$\rho''=206265''$。

从 C' 作 AC 的垂直线，以 C' 为起点量取垂线距离 e，既得 C 点，此时 $\angle BAC=\beta$。操作时若 $\Delta\beta<0$，则应向内归化，反之，应向外归化。

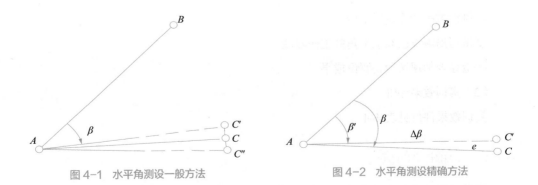

图 4-1　水平角测设一般方法　　　　图 4-2　水平角测设精确方法

实训4-1 经纬仪（或全站仪）测设已知水平角

1. 实训目的

（1）掌握已知水平角测设的方法。

（2）掌握经纬仪（全站仪）轴线投测方法（外控法实训）。

2. 实训器材

对给定的设计水平角值进行实地测设，在指定的建筑物上练习轴线投测方法。

3. 实训内容

测设已知水平角就是根据水平角的已知数据和一个已知方向，把该角的另一个方向测设在地面上。

1）一般方法。具体操作步骤和方法参考4.1.1节中的"一般方法"部分，如图4-1所示。

2）精确方法。具体操作步骤和方法参考4.1.1节中的"精确方法"部分，如图4-2所示。

已知水平角测设完成后，注意检核和复查，检核方法：可多测回测回法测量放样后各点连线构成的水平角度值，将放样后角度测量值与待测设角度值进行比较，进行检核。

4. 实训注意事项

1）应熟悉钢尺的零点位置和尺面注记。

2）注意保护钢尺，严防钢尺打卷、车轧且不得沿地面拖拉钢尺。前进时，应有人在钢尺中部将钢尺托起。

3）进行已知水平距离的测设时，一定要注意进行检核，以保证测设精度。

5. 实训成果提交和实训效果评价

（1）要求上交以下资料

①测设数据计算资料1份。

②试写出测设已知水平角的工作步骤。

③指导老师现场检查测设成果。

（2）实训效果评价

实训效果评价见表4-1。

4.1.2 已知距离的测设

测设已知水平距离是从地面一个已知点开始，沿已知方向，量出给定的实地水平

实训效果评价表　　　　　　　　　　　　表4-1

日期：　　　　　　班级：　　　　　　组别：

实训任务名称		
实训技能目标		
主要仪器及工具		
任务完成情况	是否准时完成任务	
任务完成质量	成果精度是否符合要求，记录是否规范完整	
实训纪律	实训是否按教学要求进行	
存在的主要问题		

距离，定出这段距离的另一端点。方法主要有两种：第一种是钢尺量距，第二种方法是光电测距法。

1. 钢尺量距测设法

当测设精度要求不高时，可从起始点开始，沿给定的方向和长度，用钢尺量距，定出水平距离的终点。如图4-3所示，为了校核，可将钢尺移动10~20cm，再测设一次。若两次测设之差在允许范围内，取平均位置作为终点最后位置。当测设精度要求较高时，应使用检定过的钢尺，用经纬仪定线，根据给定的水平距离 D，经过尺长改正 ΔL_d、温度改正 ΔL_t 和倾斜改正后 ΔL_h，计算出地面上应测设的距离 L。公式为：

$$L=D-\left(\Delta L_d+\Delta L_t+\Delta L_h\right) \qquad (4-2)$$

然后根据计算结果，用钢尺进行测设。

2. 光电测距测设法

钢尺量距精度是比较低的，现在用得最多的是光电测距或者全站仪测距。目前水平距离的测设，尤其是长距离的测设多采用全站仪。如图4-4所示，安置全站仪于 A 点，反光棱镜在已知方向上移动，使仪器显示值略大于测设的距离，定出 C' 点。在 C' 点安置反光棱镜，测出水平距离 D'（必要时加测气象改正），求出 D' 与应测设的水平距离 D 之差 $\Delta D=D-D'$。根据 ΔD 的符号在实地用钢尺沿测设方向将 C' 改正至 C 点，并用木桩标定其点位。为了检核，应将反光镜安置于 C 点，再实测 AC 距离，其不符值应在限差之内，否则应再次进行改正，直至符合限差为止。

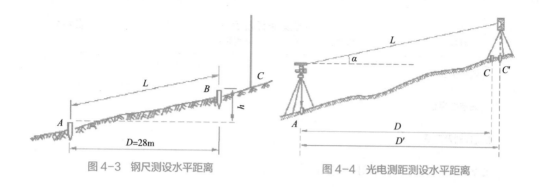

图 4-3　钢尺测设水平距离　　　　　图 4-4　光电测距测设水平距离

实训4-2　测设已知水平距离

1. 实验目的

掌握钢尺测设已知水平距离的施测方法及步骤。

2. 实验器材

每小组配备 50m 钢尺 1 把，花杆 3 根，小木桩 2 根。

3. 实验内容和实训实施步骤

（1）实训内容

在指定实训场地上预先布设一段距离 70~100m 的直线段 AB，并在端点处设置标志，要求在此已知方向线上从 A 点起测，设一点 C，使 AC 的距离等于设计数据 $D=25.000$m，并在 C 点打上木桩标志。

（2）实施步骤

1）在直线段 AB 方向上，从 A 点起沿 A 方向拉平钢尺量取已知的水平距离 $D_1=25.000$，得到一点 C_1，然后改变起始读数，同法再量一次，得到另一点 C_2。

2）若 C_1、C_2 重合，则得到测设点位 C，其与 A 点的距离为设计值 D；若 C_1、C_2 不重合，则取二者的中点作为测设的 C 点。最后，在测设点处打上木桩，并在桩上钉上小钉以表示测设的 C 点位置。

3）若要求测设的精度较高，可在以上方法测设得到的 C 点的基础上再按照精密测设方法进行测量。

利用精密距离丈量方法，对 AC 距离进行测量，得到其观测值 $D'=25.060$m，然后计算其与待测设的设计距离进行差值计算，得到 ΔD 为：

$$\Delta D=D'-D=25.060-25.000=0.060\text{m}$$

4）依据 ΔD 和精度要求，调整点位，以得到测设的最终点，并做好标记。当 $\Delta D>0$ 时，由初步测得的点向 A 方向调整 ΔD 而得到；当 $\Delta D=0$ 时，则不予调整；

当 $\Delta D < 0$ 时，应向外即 B 方向调整 ΔD 而得到最终测设点。

5）测设好后，务必进行检核，直至其相对误差达到精度要求为止。

4.实训注意事项

1）应熟悉钢尺的零点位置和尺面注记。

2）注意保护钢尺，严防钢尺打卷、车轧且不得沿地面拖拉钢尺。前进时，应有人在钢尺中部将钢尺托起。

3）进行已知水平距离的测设时，一定要注意进行检核，以保证测设精度。

5.实训成果提交和实训效果评价

（1）要求上交以下资料

1）测设数据计算资料1份。

2）试写出测设已知水平距离的工作步骤。

3）指导老师现场检查测设成果。

（2）实训效果评价

实训效果评价表（表4-2）。

实训效果评价表　　　　　　　　　　　　　　　　表4-2

日期：　　　　　　　班级：　　　　　　　组别：

实训任务名称		
实训技能目标		
主要仪器及工具		
任务完成情况	是否准时完成任务	
任务完成质量	成果精度是否符合要求，记录是否规范完整	
实训纪律	实训是否按教学要求进行	
存在的主要问题		

4.1.3　已知高程的测设

测设已知高程是指根据附近的水准点，将设计的高程测设到现场并标示出来的工作。高程测设主要用在场地平整、开挖基坑（槽）、测设楼层面、定道路（管道）中线坡度和定桥台桥墩的设计标高等场合使用。基础、门窗等的标高均已在建筑设计和施工中，为了计算方便，一般把建筑物的室内地坪用 ±0.000 表示，通常以 ±0.000 为依据确定。

4-2　高程测设

高程测设的方法主要有水准测量法和全站仪高程测设法。水准测量法一般是采用视线高程法进行测设。

如图 4-5 所示，假设在图纸上查得建筑物的室内地坪高程为 $H_{设}$，而附近有一水准点 R，其高程为 H_R，现要求把 $H_{设}$ 测设到木桩 B 上。在木桩 B 和水准点 R 之间安置水准仪，在 R 点上立尺，读数为 a，则水准仪视线高程 $H_i = H_R + a$，根据视线高程和地坪设计高程可算出 B 点尺上应有的读数为：

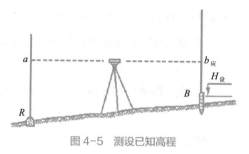

图 4-5　测设已知高程

$$b_{应}=H_i-H_{设} \qquad (4-3)$$

然后将水准尺紧靠 B 点木桩侧面上下移动，直到水准尺读数为 $b_{应}$ 时，尺底处即为待求的测设高程位置，沿尺底在木桩侧面画线标定。

例如：设已知水准点高程 H_R 为 27.349m，在 B 点处待测设高程 $H_{设}$ 为 28.000m，仪器架设在两点之间，在 R 尺上读数 a 为 1.626m，则仪器视线高即为：

$$H_i = H_R + a = 27.349 + 1.623 = 28.972m$$

则 B 点上水准尺应得读数为：

$$b_{应}=H_i-H_{设}=28.972-28.000=0.972m$$

建筑工程施工过程中，常会涉及开挖基槽或修建较高建筑，需向高处或低处传递高程，此时可用悬挂钢尺代替水准尺。如图 4-6 所示，欲根据地面水准点 A 测设坑内水准点 B 的高程，可在坑边架设吊杆，杆顶吊一根零点向下的钢尺，尺底挂重锤，在地面和坑内各架设一台水准仪，则 B 点的高程为：

$$H_B=H_A+a_1-(b_1-a_2)-b_2 \qquad (4-4)$$

式中　a_1、a_2、b_1、b_2 为水准尺和钢尺读数。为便于检核，可改变钢尺悬挂位置，再次观测。

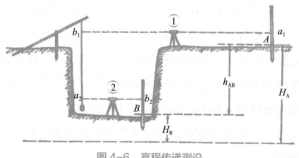

图 4-6　高程传递测设

4.1.4　已知坡度线的测设

在修筑道路、敷设上下管道和开挖排水沟等工程的施工中，需要在地面上测设出设计的坡度线，以指导施工人员进行工程施工。坡度线的测设所用的仪器一般有水准仪和经纬仪。测设已知的坡度线，坡度较小时，一般采用水准仪来测设；坡度较大时，一般采用经纬仪来测设。坡度指两点间的高差与其水平距离的比值。坡度可用百分率（％）或千分率（‰）表示，若坡度记为 i，高差为 h，两点间水平距离为 D，则：

$$i=\frac{h}{D}\tag{4-5}$$

如图 4-7 所示，设 A、B 为设计坡度线的两端点，若已知 A 点的设计高程为 H_A。现在要求从 A 点沿着 AB 方向测设出一条坡度为 $-8‰$ 的坡度直线，AB 两点的水平距离为 D_{AB}，i 为水准仪仪器高。

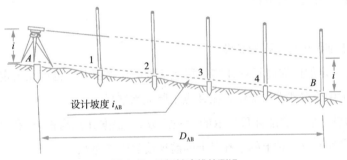

图 4-7　已知坡度线的测设

水准仪倾斜视线法测设坡度线步骤如下：

1）先用已知高程测设方法，根据附近已知水准点将涉及坡度线两端点的设计高程 H_A、H_B 测设于地面上，其中 $H_B=H_A+i\times D_{AB}=H_A-0.008D_{AB}$。

2）在 A 点安置水准仪，B 点处立标尺，量取仪器高 i，安置时注意使其中一只脚螺旋在 AB 方向线上，另两只脚螺旋的连线大致与 AB 方向线垂直。

3）旋转 AB 方向上的脚螺旋和微倾螺旋，使视线在 B 点标尺上所读数为仪器高 i 的数值，此时水准仪的倾斜视线与设计坡度线平行，当中间隔一定距离（一般为 10m）打下的各桩点 1、2、3、4 上的标尺读数均为仪高 i 时，尺底即为该桩的设计高程。则各桩点顶部的连线就是待测设的设计坡度线。并可根据各桩点的水准尺实际读数计算各桩处的填挖高度为 $i-b_{读}$，当 $i=b_{读}$ 时，不挖不填；当 $i<b_{读}$ 时，需填；反之，需挖。

若 AB 两点间距离比较远，还需在 AB 间加密一些桩点来满足施工的要求。

实训 4-3　已知高程测设、基槽开挖深度控制与已知坡度测设

在工程建筑施工中，需要测设由设计所指定的高程，例如在场地平整、基坑开挖、确定坡度和定桥台桥墩的设计标高等场合，用水准仪进行高程测设是工程单位广泛使用的方法。

1. 实训目的

（1）通过本实训，掌握用水准仪测设高程的方法，为今后解决专业工作中的高程测设问题打下基础。

（2）学会用水准仪进行已知坡度放样的方法。

2. 实训器具

（1）水准仪 1 台，水准尺 2 根，皮尺 1 把，记录板 1 块。

（2）自备：铅笔、计算器。

3. 实训内容

（1）用水准仪进行高程的测设

1）在离给定的已知高程点 A 与待测点 P（可在墙面上，也可在给定位置钉大木桩上）距离适中位置架设水准仪，在 A 点上竖立水准尺。

2）仪器整平后，瞄准 A 尺读取的后视读数 a；根据 A 点高程 H_A 和测设高程，计算靠在所测设处的 P 点桩上的水准尺上的前视读数应该为 b：

$$b=H_A+a-H_P$$

3）将水准尺紧贴 P 点木桩侧面，水准仪瞄准 P 尺读数，靠桩侧面上下移动调整 P 尺，当观测得到的 P 尺的前视读数等于计算所得 b 时，沿着尺底在木桩上画线，即为测设（放样）的高程 H_P 的位置。

4）将水准尺底面置于设计高程位置，再次作前后视观测，进行检核。

5）同法可在其余各点桩上测设同样高程的位置。

（2）基槽开挖深度控制

在校内实训场地设置一已经开挖一定深度（1~1.5m 为宜）的基槽，利用地面上已知的水准点，用高程测设的方法将高程传递到基坑。在基槽壁上每隔 2~3m 和拐角处，测设一些距离槽底设计标高一整数倍（如 0.5m）的水平桩，并沿水平桩在槽壁上弹线作为挖槽深度、修平槽底和铺设基础垫层的依据，如图 4-8 所示。实训成果根据现场标定的情况由指导教师检查合格为准。

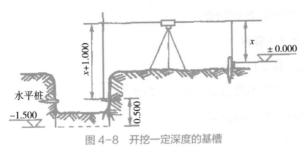

图4-8 开挖一定深度的基槽

（3）用水准仪进行坡度线的测设

1）方法一：水准仪逐桩放样法

①实训指导教师在场地进行布置，给定已知点高程，设计的坡度 i。

②在地面上选择高差相差较大的两点 M、N，（M 为给定高程 H_M 点）。

③从 M 点起沿 MN 方向上按距离 d 钉木桩，直到 N 点。根据已知点高程 H_M、设计坡度 i 及距离 d 推算各桩的设计高程：$H_i=H_M+i \cdot d \cdot n$（$n$ 为桩的序号）。

④在适当的位置安置水准仪，瞄准 M 点上水准尺，读取后视读数 a，求得视线高 $H=H_M+a$。

⑤根据各点的设计高程 H_i 计算各桩应有的前视读数 $b=H-H_i$。

⑥水准尺分别立于各桩顶，读取各点的前视读数 b'，对比应有读数 b，计算各桩顶的升、降数，并注记在木桩侧面。

2）方法二：水准仪倾斜视线法

①先用已知高程测设方法，根据附近已知水准点将涉及坡度线两端点的设计高程 H_A、H_B 测设于地面上，其中 $H_B=H_A+i \times D_{AB}$，如图4-7所示。

②在 A 点安置水准仪，B 点处立标尺，量取仪器高 i，安置时注意使其中一只脚螺旋在 AB 方向线上，另两只脚螺旋的连线大致与 AB 方向线垂直。

③旋转 AB 方向上的脚螺旋和微倾螺旋，使视线在 B 点标尺上所读数为仪器高 i 的数值，此时水准仪的倾斜视线与设计坡度线平行，当中间隔一定距离（一般为10m）打下的各桩点1、2、3、4上的标尺读数均为仪高 i 时，尺底即为该桩的设计高程。则各桩点顶部的连线就是待测设的设计坡度线。并可根据各桩点的水准尺实际读数计算各桩处的填挖高度为 $i-b_{读}$，当 $i=b_{读}$ 时，不挖不填；当 $i<b_{读}$ 时，需填；反之，需挖。

若 AB 两点间距离比较远，还需在 AB 间加密一些桩点来满足施工的要求。

4. 实训注意事项

（1）应熟悉高程放样或坡度测设后的检核方法，以保证测设精度。

（2）施工区域开展高程放样注意仪器保护，脚架踩实，放样后做好标记。

5. 实训成果提交和实训效果评价

（1）要求上交以下资料

1）测设数据计算资料一份。

2）试写出水准仪法测设已知坡度的工作步骤。

3）指导老师现场检查测设成果。

（2）实训效果评价

实训效果评价表（表4-3）

实训效果评价表   表4-3

日期：   班级：   组别：

实训任务名称		
实训技能目标		
主要仪器及工具		
任务完成情况	是否准时完成任务	
任务完成质量	成果精度是否符合要求，记录是否规范完整	
实训纪律	实训是否按教学要求进行	
存在的主要问题		

任务 4.2   地面点的平面位置测设

点的平面位置测设常用的方法有直角坐标法、极坐标法、交会法、全站仪法。方法的选取应根据控制网的形式、现场情况、拥有的仪器及精度要求等因素综合选择。

4.2.1 直角坐标法与极坐标法定点

1. 直角坐标法

4-3 点的平面位置测设

当施工场地有相互垂直的主轴线或建筑方格网时，多采用直角坐标法。如图4-9所示，设需测设设计图上待测点 P，P 点相对于场地上控制点（Ⅰ、Ⅱ、Ⅲ、Ⅳ）的坐标增量 Δx、Δy 为测设数据。施测时，先在Ⅰ点安置经纬仪，以Ⅱ点定向：沿视准轴方向测设 Δy 距离，再在 a 点安置经纬仪，以Ⅰ或Ⅱ点定向，拨转90°角作直线ⅠⅡ的垂线，并在此垂线上量取 Δx 距离，桩钉 P 点。

2. 极坐标法

极坐标法是根据一个角度和一段距离测设点的平面位置。此法适用于测设距离较短，且便于量距的情况。如图 4-10 所示，A、B 为已知平面控制点，其坐标值分别为 A（x_A，y_A）、B（x_B，y_B），P、Q、R、S 为设计的建筑物特征点，各点的坐标分别为 P（x_P，y_P），…，S（x_S，y_S）。可根据 A、B 两点测设 P、Q、R、S 点。以测设 P 点为例，测设方法为：

（1）计算测设元素。测设元素包括两个：一个是水平夹角 β，另一个是水平距离 D。水平距离 D 通过两点间的距离公式计算，水平夹角 β 通过坐标方位角与水平角间的关系计算。

①据坐标反算 α_{AB} 和 α_{AP}：

$$\alpha_{AB}=\arctan\frac{y_B-y_A}{x_B-x_A}=\arctan\frac{\Delta y_{AB}}{\Delta x_{AB}}$$

$$\alpha_{AP}=\arctan\frac{y_P-y_A}{x_P-x_A}=\arctan\frac{\Delta y_{AP}}{\Delta x_{AP}}$$

（4-6）

②计算 AP 与 AB 的夹角：

$$\beta=\alpha_{AB}-\alpha_{AP}$$

（4-7）

③计算 AP 间的水平距离：

$$D_{AP}=\sqrt{(x_P-x_A)^2+(y_P-y_A)^2}=\sqrt{(\Delta x_{AP})^2+(\Delta y_{AP})^2}$$

（4-8）

（2）具体测设步骤。

①在测站点 A 上安置全站仪或经纬仪，瞄准后视点 B 定向，水平度盘置零；

②逆时针转动 β 角，得到测设点 P 到测站 A 的连线方向；

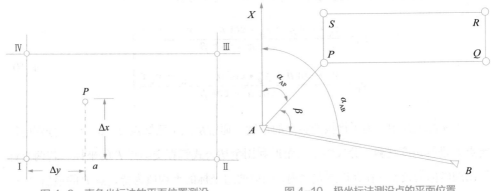

图 4-9　直角坐标法的平面位置测设　　　　图 4-10　极坐标法测设点的平面位置

③从 A 点出发，沿着 AP 方向，量取一个水平距离 DAP，得到 P' 点的位置；

④为了检查测设的精度，我们可以按照同样的方法重复一次，得到 P''。如果两次测设点位误差在一定的范围内则取 $P'P''$ 的中点，得到 P 点。

（3）相关检核。用同样方法测设 Q 点、R 点、S 点。待 4 个点全部测设完毕后，可量取 PR、SQ 的实地距离比对通过两点坐标计算所得距离，若在误差允许范围即可。也可测定各直角的大小来检查测设的准确性。

3. 交会定点

交会定点测量是加密控制点的常用方法，它可以在数个已知控制点上设站，分别向待定点观测方向或距离，也可以在待定点上设站向数个已知控制点观测方向或距离，最后计算出待定点的坐标。常用的交会测量方法有前方交会、后方交会和测边交会等。

1）前方交会。前方交会是在已知控制点上设站观测水平角，根据已知点坐标和观测角值，计算待定点坐标的一种方法。如图 4-11 所示，在已知点 A (x_A, y_A)、B (x_B, y_B) 上安置经纬仪分别向待定点 P 观测水平角 α 和 β，便可以计算出 P 点的坐标。

为保证交会定点的精度，在选定 P 点时，应使交会角 γ 处于 30°~150°，最好接近 90°。当 A、B、P 按逆时针排列时，待定点 P 的坐标计算公式为：

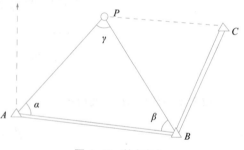

图 4-11 前方交会

$$\left.\begin{aligned} x_P &= \frac{x_A \cdot \cot \beta + x_B \cdot \cot \alpha + (y_B - y_A)}{\cot \alpha + \cot \beta} \\ y_P &= \frac{y_A \cdot \cot \beta + y_B \cdot \cot \alpha - (x_B - x_A)}{\cot \alpha + \cot \beta} \end{aligned}\right\} \qquad （4\text{-}9）$$

当 A、B、P 按顺时针排列时，则 P 点相应的坐标计算公式为：

$$\left.\begin{aligned} x_P &= \frac{x_A \cdot \cot \beta + x_B \cdot \cot \alpha - (y_B - y_A)}{\cot \alpha + \cot \beta} \\ y_P &= \frac{y_A \cdot \cot \beta + y_B \cdot \cot \alpha + (x_B - x_A)}{\cot \alpha + \cot \beta} \end{aligned}\right\} \qquad （4\text{-}10）$$

在实际工作中，为了检核交会点的精度，通常从三个已知点 A、B、C 上分别向待定点 P 进行角度观测，分成两个三角形利用余切公式解算交会点 P 的坐标。若两组计算出的坐标的较差 e 在允许限差之内，则取两组坐标的平均值为待定点 P 的最后坐标。

对于图根控制测量，两组坐标较差的限差规定为不大于2倍测图比例尺精度，即：

$$e = \sqrt{\left(x'_P - x''_P\right)^2 + \left(y'_P - y''_P\right)^2} \leqslant 2 \times 0.1 \times M \, (\text{mm}) \qquad （4-11）$$

式中　M——测图比例尺分母。

2）后方交会

后方交会是在待定点设站，观测3个已知控制点的水平角，从而计算待定点的坐标。

如图4-12所示的后方交会中，A、B、C为已知控制点，P为待定点，通过在P点安置仪器，观测水平角α、β、γ和检查角θ，即可唯一确定出P点的坐标。

注意：当待定点P处于A、B、C所构成的圆周上时，P点位置将无法确定。测量上，称此外接圆为危险圆。因此在选择P点时要使其至危险圆的距离大于圆周半径的1/5处。

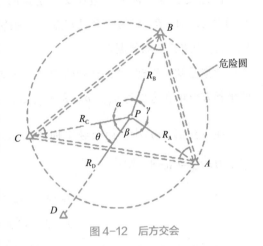

图4-12　后方交会

后方交会的计算方法有多种，下面只给出一种实用公式：

在图4-12中，在P点对A、B、C三点观测的水平角为α、β、γ。

设A、B、C三个已知点的平面坐标为(x_A, y_A)、(x_B, y_B)、(x_C, y_C)，其中三角形ABC的三个内角$\angle A$、$\angle B$、$\angle C$可通过坐标反算计算得出。

令：

$$\left. \begin{aligned} P_A &= \frac{1}{\cot A - \cot \alpha} = \frac{\tan \alpha \tan A}{\tan \alpha - \tan A} \\[2mm] P_B &= \frac{1}{\cot B - \cot \beta} = \frac{\tan \beta \tan B}{\tan \beta - \tan B} \\[2mm] P_C &= \frac{1}{\cot C - \cot \gamma} = \frac{\tan \gamma \tan C}{\tan \gamma - \tan C} \end{aligned} \right\} \qquad （4-12）$$

则，待定点P的坐标计算公式为：

$$\left. \begin{aligned} x_P &= \frac{P_A \times x_A + P_B \times x_B + P_C \times x_C}{P_A + P_B + P_C} \\[2mm] y_P &= \frac{P_A \times y_A + P_B \times y_B + P_C \times y_C}{P_A + P_B + P_C} \end{aligned} \right\} \qquad （4-13）$$

实际作业时，为提高精度、避免错误发生，通常应将 A、B、C、D 四个已知点分成两组，并观测出交会角，计算出待定点 P 的两组坐标值，求其较差，若较差在限差之内，取两组坐标值的平均值作为待定点 P 的最终平面坐标。

3）测边交会

侧边交会是一种测量边长交会定点的方法。如图 4-13 所示，A、B、C 为三个已知点，P 为待定点，S_{AP}、S_{BP}、S_{CP} 为边长观测数据。

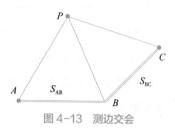

图 4-13　测边交会

依据已知点坐标，按坐标反算方法，可求得已知边的坐标方位角和边长为 α_{AB}、α_{CB} 和 S_{AB}、S_{BC}。

在三角形 ABP 中，由余弦定理得：$\cos A = \dfrac{S_{AB}^2 + a^2 - b^2}{2a \times S_{AB}}$，$AP$ 直线段的坐标方位角为：$\alpha_{AP} = \alpha_{AB} - A$，则：

$$\left. \begin{array}{l} x_P = x_A + S_{AP} \times \cos\alpha_{AP} \\ y_P = y_A + S_{AP} \times \sin\alpha_{AP} \end{array} \right\} \tag{4-14}$$

实际作业时，为提高精度、避免错误发生，通常进行三角形 ABP、三角形 BCP 两组观测，计算出待定点 P 的两组坐标值，求其较差，若较差在限差之内，取两组坐标值的平均值作为待定点 P 的最终平面坐标。

4. 全站仪坐标放样法

全站仪坐标放样的本质是极坐标法，它适合各类地形情况，而且精度高，操作简便，在生产实践中已被广泛采用。放样前，将全站仪置于放样模式，向全站仪输入测站点坐标、后视点坐标（或方位角），再输入放样点坐标，按坐标放样功能键，则可立即显示当前棱镜位置与放样点位置的坐标差。准备工作完成之后，用望远镜指挥棱镜使之在测设方向线上，根据显示的距离差值，沿测设方向线前后移动棱镜。反复调整，最终使显示各差值为零，这时，棱镜所对应的位置就是放样点位置，然后，在地面作出标志。放样后，注意检核。确认放样在规定误差允许范围内，具体规定详查《工程测量标准》GB 50026。

实训 4-4　全站仪极坐标法点的平面位置测设

1. 实训目的

（1）能熟练进行全站仪坐标放样。

（2）能知晓全站仪点位平面位置测设的原理，能开展坐标反算并取得放样数据。

（3）能评价放样精度，找到放样结果检验的方法。

2. 实训器材

全站仪1台、三脚架、棱镜2套，小钢尺1把、铅笔、计算器、记录手簿等。

3. 实训内容

以小组为单位，每组4~6人，实习过程轮换，每人均完成全站仪操作读数、棱镜对点放样，放样步骤如下。

（1）整理测设数据

已知点及放样点如图4-14所示，M、N 为已知控制点，A、B、C、D 四点为待放样点。各点坐标可根据实训场地情况选取坐标数据，由指导老师提供已知控制点坐标，待放样点坐标数据。

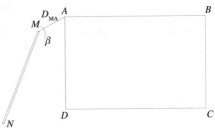

图4-14　极坐标法放样点位

（2）测设步骤

1）实地确定控制点 M、N。

2）设置测站点（M 点），将全站仪安置在 M 点，对中整平，在 N 点安置棱镜。

3）选择全站仪菜单中的"坐标放样"功能。

4）设置测站，量取仪器高度，输入测站点 M 的坐标及仪器高。

5）定向，输入后视点 N 的坐标，并照准 N 点。

6）输入放样点 A 的坐标及棱镜高。

7）转动照准部，全站仪实时显示此时方向与放样方向的差值。当差值为0时，全站仪照准的方向即为所放样点 A 方向。

8）指挥扶棱镜人员左右移动，当棱镜中心与十字丝重合时，按下"测距"键，全站仪测量并计算出此时棱镜距所放样点的距离差值，并在屏幕上显示。根据此距离差值，指挥扶棱镜人员前后调整，再次按下"测距"键。反复多次，直至显示的距离差值为0时，棱镜所在位置即是 A 点位置，标定桩点。

9）同上步骤，依次完成 B、C、D 点测设。

4. 实训注意事项

1）全站仪属于精密仪器，在使用过程中要十分细心，以防损坏。

2）在立棱镜时，应注意使棱镜杆上的水准气泡居中。

3）完成点位测设后，应采取一定的检核方法，确定所放样点位的精确度。

4）施工放样测量是团体配合完成的项目，实训前应做好放样计划，计算好放样数据，实施过程中做到团队成员分工明确，不互相埋怨，发现问题，及时向指导教师汇报，不能自行处理。

5. 实训成果提交和实训效果评价

由指导老师现场检查点位测设结果，给予评价。

（1）要求上交以下资料

放样数据准备表（表4-4）。

放样数据准备表   表4-4

点名	X坐标（m）	Y坐标（m）	高程（m）	备注
				测站点
				后视点
				已知点
				待放样点

（2）放样示意图和放样元素计算

（3）实训效果评价

实训效果评价表（表4-5）

实训效果评价表   表4-5

日期：   班级：   组别：

实训任务名称		
实训技能目标		
主要仪器及工具		
任务完成情况	是否准时完成任务	
任务完成质量	成果精度是否符合要求，记录是否规范完整	
实训纪律	实训是否按教学要求进行	
存在的主要问题		

任务 4.3   施工控制测量

在勘测设计阶段布设的控制网主要是为测图服务，控制点的点位并未考虑待建建筑物的总体布置，在点位的分布与密度方面都不能满足放样的要求。在测量精度上，施工控制网的精度则要根据工程建设的性质来决定，通常要高于测图控制网。因此，为了进行施工放样测量，必须以测图控制点为定向条件建立施工控制网。

施工控制网分为平面控制网和高程控制网两种。前者常采用三角网、导线网、建筑基线或建筑方格网等，后者则采用水准。如图 4-15 所示，施工平面控制网的布设，应根据建筑总平面图和施工地区的地形条件、已有测量控制点分布情况、施工方案等诸多因素确定布置形式。例如对于地形起伏较大的山区和丘陵地区，可采用三角网、边角网及 GPS 网。对于平坦地区、通视条件困难地区，如改扩建的施工场地，或建筑物分布很不规则时，可采用导线、导线网或 GPS 网。对于扩建或改建工程的工业场地，则采用导线或导线网；对于建筑物多为矩形且布置比较规则和密集的工业场地，可以将施工控制网布置成规则的矩形格网，即建筑方格网；对于地面平坦而又简单的小型施工场地，常布置一条或几条建筑基线。施工控制网具有以下特点：控制范围小，控制点的密度大，精度要求高；受施工干扰较大；布网等级宜采用两级布设，即首先建立布满整个工地的厂区控制网，目的是放样各个建筑物的主要轴线，然后，为了进行厂房或主要生产设备的细部放样，还要根据由厂区控制网所定出的厂房主轴线建立厂房矩形控制网。

高程控制网一般为施工场地建立的水准网，水准网应与国家水准点联测。水准点的密度尽可能满足安置一次仪器即可测设出所需高程的要求。水准点距离回填土边沿应大于 15m，距离建（构）筑物不宜小于 25m，各点间距宜小于 1km。对中小型施工场地和连续性的生产车间，一般可分别用水准仪按四等和三等水准测量方法测定水准点的高程。因有些水准点的位置可能受施工开挖等影响发生移动或被破坏，建筑场地内通常设置两种类型的水准点，即基本水准点和施工水准点。基本水准点 般埋设在不受施工影响、不被破坏、免受振动、便于施测和永久保存的地方，常用于检验其他水准点是否发生变动之用，建设场地不大时通常埋设三点基本水准点。直接用以测设建筑物的高程的点称为施工水准点，通常用方格网标桩加设圆头钉表示。

一般工业与民用建筑物高程测设精度方面要求并不高，常采用四等或等外水准测量方法测量由基本水准点和施工水准点组成的水准路线。

因此，施工控制网的布设应作为整个工程施工设计的一部分。布网时，必须考虑施工的程序、方法，以及施工场地的布

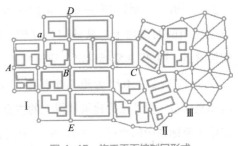

图 4-15 施工平面控制网形式

置情况。施工控制网的设计点位应标在施工设计的总平面图上。

4.3.1 建筑基线法测设施工平面控制网

1. 建筑基线的布设

对于比较简单的施工场地，常布设成一条或几条建筑基线作为施工测量的平面控制。根据建筑物的分布、场地地形等因素确定。图 4-16 所示，为建筑基线的布置形式。常用的形式有三点"一"字形、三点"L"字形、四点"T"字形、五点"十"字形。

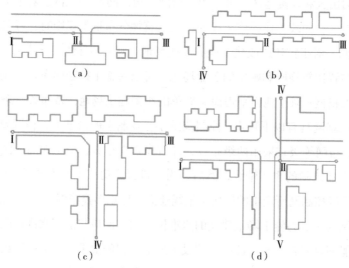

图 4-16　建筑基线的布设形式

2. 施工控制点的坐标换算

为了便于建（构）筑物的设计和施工放样，在设计总平面图上，建筑物的平面位置常用施工坐标系（也称建筑坐标系）来表示。所谓施工坐标系，就是以建筑物的主要轴线作为坐标轴建立起来的局部坐标系。其坐标轴通常与建（构）筑物的主轴线方向一致，坐标原点设在总平面图的西南角上，纵轴记为 A 轴，横轴记为 B 轴，用 A、B 坐标标定各建筑物的位置。如图 4-17 所示，AOB 为施工坐标系，xoy 为测图坐标系。设 II 点为建筑基线上的主点，它在施工坐标系中的坐标为 A_{II}，B_{II}，在测图坐

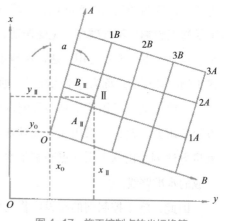

图 4-17　施工控制点的坐标换算

标系中的坐标为 x_{II}，y_{II}，施工坐标原点 O 在测图坐标系中的坐标为 x_o，y_o，α 为 x 轴与 A 轴的夹角。将点 II 的测图坐标换算为施工坐标，其公式为：

$$\left.\begin{array}{l} A_{II}=(x_{II}-x_o)\cos\alpha+(y_{II}-y_o)\sin\alpha \\ B_{II}=-(x_{II}-x_o)\sin\alpha+(y_{II}-y_o)\cos\alpha \end{array}\right\} \quad (4-15)$$

3. 建筑基线的测设方法

（1）根据建筑红线测设建筑基线。在城市规划区内建设，建筑用地的边界由城市规划部门在现场直接标定。如图 4-18 所示，I、II、III 点为规划部门标定出的临界点，其连线 I II、II III 通常为正交的直线，称为"建筑红线"。一般情况下，建筑基线与建筑红线平行或垂直，故可根据建筑红线用平行推移法测设建筑基线 OA、OB。当把 A、O、B 三点在地面上用木桩标定后，安置经纬仪于 O 点，观测 $\angle AOB$ 是否等于 90°，其不符值不应超过 $\pm20''$。量 OA、OB 距离是否等于设计长度，其不符值不应大于 1/1000。若误差在许可范围之内，则适当调整 A、B 点的位置。若误差超限，应检查推平行线时的测设数据。

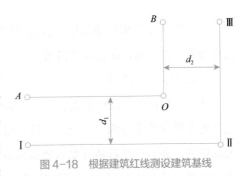

图 4-18 根据建筑红线测设建筑基线

（2）根据附近已有控制点测设建筑基线。

对于新建筑区，在建筑场地中没有建筑红线作为依据时，可依据建筑基线点的设计坐标和附近已有控制点的关系，选择测设方法算出放样数据，然后放样。如图 4-19 所示，A、B 为附近的已有控制点，I、II、III 为选定的建筑基线点。可选极坐标法放样，具体放样方法如前文所述，但由于存在测量误差，测设的基线点 I'、II'、III' 往往不在同一直线上，如图 4-20 所示。须进行建筑基线的调整：在 II' 点安置经纬仪，精确地检测出 $\angle$ I' II' III'。若此角值与 180° 之差超过 $\pm15''$，则应对点位进行调整。调整时，应将 I'、II'、III' 点沿与基线垂直的方向各移动相同的调整值 δ。其值按下列公式计算：

$$\delta=\frac{ab}{a+b}\left(90°-\frac{\angle \text{I}' \text{ II}' \text{ III}'}{2}\right)\frac{1}{\rho''} \quad (4-16)$$

式中　δ——各点的调整值；

　　a、b——I II、II III 的长度。

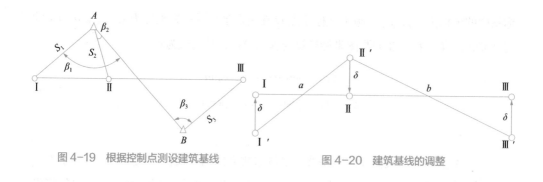

图 4-19　根据控制点测设建筑基线　　　　图 4-20　建筑基线的调整

4.3.2　建筑方格网法测设施工平面控制网

对于建筑物密集和建筑物布置较规则的大中型场地，常布设成正方形或矩形的格网作为施工控制网，即建筑方格网。

1. 建筑方格网的布设要求

建筑方格网的布设应根据建筑物、道路、管线的分布，并结合场地的地形等因素，先选定方格网的主轴线，再全面布设方格网。布设时应使方格网的主轴线位于建筑场地的中央，并且应接近精度要求较高的建筑物；方格网点之间应能长期保持通视，并要接近测设的各建筑物；满足使用要求的前提下，为节约人力和材料，方格网点数应尽量少。如图 4-21 所示，MN、CD 为建筑方格网的主轴线，A、P、B 为轴线主点。主点的坐标一般由设计单位给出，也可在总平面图上用图解法求得。

2. 建筑方格网的测设

如图 4-22 所示，首先根据原有控制点坐标与主轴点坐标计算出测设数据，然后测设主轴线点；其方法与测设建筑基线相同，但测设的主轴线形成的角度 $\angle ABC$ 与 180° 的差值，应在 ±5″ 之内，否则应进行调整。然后将经纬仪安置在点 B，瞄准点 A，分别向左、向右转动 90°，测设另一主轴线 DBE，根据主点间的距离，在地上定出其概略位置 D'、E'。然后精确测出 $\angle ABC'$、$\angle ABE'$，分别算出它们与 90° 之差 $\Delta\beta_1$ 和 $\Delta\beta_2$，若较差超过 ±10″，则按下式计算方向调整值 DD'、EE'：

$$l_i = L_i \times \frac{\Delta\beta_1''}{\rho''} \tag{4-17}$$

将点 D' 沿垂直于 BD' 方向移动 DD' 距离，得 D 点。同理，得 E 点位置。当 $\Delta\beta_1$ 为负时，顺时针改正点位，反之，逆时针改正。改正点位后，应检测两主轴线交角是否为 90°，其较差应小于 ±10″，否则应重复调整。另外需校核主轴线点间的距离，精度应达到 1/10000。

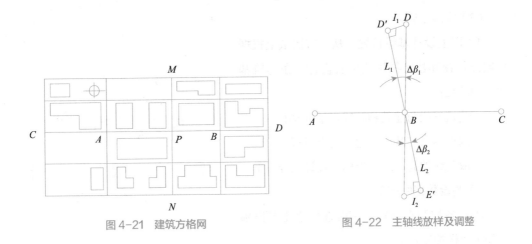

图 4-21 建筑方格网　　　　　　　图 4-22 主轴线放样及调整

主轴线测设完成后，最后可以进行方格网点的放样。可分别在主轴线端点安置经纬仪，均以点 B 为起始方向，分别向左、向右精密地测设出 90°，这样就形成"田"字形方格网点，并通过精确测量其角值是否为 90°，测量出各相邻点间的距离，看是否与设计边长相等，或判断误差在允许的范围之内，以进行校核。此后再以基本方格网点为基础加密方格网中其余各点，最后应埋设永久性标志。

实训 4-5　建筑基线测设

1. 实训目的

（1）培养学生读图、用图的能力，能在地形图上进行设计。

（2）掌握全站仪坐标放样的施测步骤。

（3）掌握极坐标放样方法的放样元素计算。

（4）学会对放样结果进行误差分析和精度评定。

2. 实训器材

全站仪 1 套、反光镜 2 套、记录板 1 块、小钢卷尺、铁锤、木桩、竹桩。

3. 实训内容、步骤

（1）实训内容

在建筑设计图上确定建筑基线位置，并确定建筑基线点的施工坐标。假设实地有测量控制点 A、B，A 点施工坐标为（130.230m，150.310m），B 点坐标为（155.230m，125.310m）。建筑基线点施工坐标为：Ⅰ（100.230m，130.660），Ⅱ（100.230m，150.310m），Ⅲ（100.230m，170.310m），如图 4-23 所示。

（2）实施步骤

1）图上设计基线位置。从已有图纸上根据控制点位置和建筑物轴线位置设计一条建筑基线，须满足：

①建筑基线与建筑物轴线水平或垂直。

②制点尽量与基线的起、终点通视。

③取基线的起、终点坐标，设计放样方案。

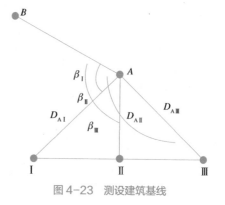

图4-23　测设建筑基线

2）测设数据的准备。

①准备控制点资料（一般选择原测图控制点作为放样控制点）。

②选择测站点和定向点。

③计算各点的放样数据。

3）全站仪坐标法放样。

①在待放样基线点附近的控制导线点（测站点）上安置全站仪，对中、整平、量取仪器高至厘米位，输入测站坐标、高程、仪器高。

②相邻控制导线点定向，即输入相邻控制点的坐标并瞄准该点。

③输入待放样基线点Ⅰ的坐标，回车确认。仪器显示测站至放样点的方位角、距离，按仪器提示转动照准部使 $dHR=0$，得该点方向，指挥立镜员将反光镜立于该方向上，测距，仪器显示实测距离与待测设距离之差 dD，指挥立镜员前、后移动反光镜，直至 $dD=0$，则该点即为待放样点平面位置，打桩设标。

④重复步骤③。

⑤放样其余各点。

（3）检验与调整

精确测定∠Ⅰ′Ⅱ′Ⅲ′，若角值与180°之差超过 ±20″（首级控制网为 ±10″），对点位进行调整，直至符合误差要求。角度符合误差要求后，还要检验Ⅰ′Ⅱ′和Ⅱ′Ⅲ′的距离，误差应不大于 1/10000（首级控制网为 1/20000），若超差，以Ⅱ′点为基准，按理论长度调整Ⅱ′点和Ⅲ′点位置。角度和距离需要反复调整，直到完全满足规定的精度要求，最后测设出建筑基线Ⅰ-Ⅱ-Ⅲ。

4.实训注意事项

（1）全站仪是结构复杂、价格较贵的先进仪器之一，在使用时必须严格遵守操作规程，注意爱护仪器。

（2）注意测设点位的保存与恢复，以保证整个实训项目的延续性。

（3）设计数据、设计方案应事先做好，测设过程的计算数据要现场计算，且保证计算无误。若放样结果不满足要求，需返工重做。

5. 实训成果提交和实训效果评价

（1）要求上交以下资料

放样数据准备表（表4-6）

放样数据准备表 表4-6

点名	X坐标（m）	Y坐标（m）	高程（m）	备注

（2）放样示意图和放样元素计算

各小组根据各自放样情况绘制示意图，并罗列水平拨角、放样距离等放样元素具体计算过程。

（3）成果及精度评定（表4-7）

成果及精度评定 表4-7

基线名称	基线长度D_0	实测基线长度$D_{测}$	相对误差K

（4）实训效果评价

实训效果评价表（表4-8）。

实训效果评价表 表4-8

日期： 班级： 组别：

实训任务名称		
实训技能目标		
主要仪器及工具		
任务完成情况	是否准时完成任务	
任务完成质量	成果精度是否符合要求，记录是否规范完整	
实训纪律	实训是否按教学要求进行	
存在的主要问题		

实训4-6　建筑方格网测设

1. 实训目的

（1）熟练使用全站仪进行方格网轴线点坐标放样。

（2）掌握极坐标放样方法的放样元素计算。

（3）学会对放样结果开展检验、调整。

2. 实训器材

全站仪1套、反光镜2套、记录板1块、小钢卷尺、铁锤、木桩、竹桩。

3. 实训内容

1）主轴线测设。按建筑基线 I 、II 、III 点测设，在 II 点安置经纬仪，瞄准 I 点，向左右分别测设90°，在方向线上测设距离，得 IV' 、V' 点。对角度与距离进行检验，若超限则进行调整，得 IV 、V 点，建筑方格网主轴线测设完毕。

2）方格网点测设，如图4-24所示。在 I 点和 V 点分别安置经纬仪，向左右分别精确测设90°，以角度交会方法确定出 O' 点，然后对 O' 点进行角度检验、调整，符合误差要求后，确定为网格 O 点。以此类推，再测设出 P 、Q 、R 点。至此田字形网格测设完毕，然后自 II 点向 I 、III 、IV 、V 点量取方格网的规定边长确定轴线上的点，再利用方向交会法得到建筑方格网内的各点（如 I 点），根据工程需要还可以田字形网格为基础进行加密。

3）检验与调整。方格网主轴线点的检验和调整方法同建筑基线。

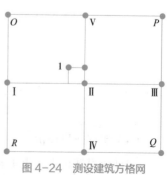

图4-24　测设建筑方格网

4. 实训注意事项

1）全站仪在使用时必须严格遵守操作规程，注意爱护仪器。

2）设计数据、设计方案应事先做好，测设过程的计算数据要现场计算，且保证计算无误。若放样结果不满足要求，需返工重做。

3）场地选择要充分考虑实训项目的整体性。

5. 实训成果提交和实训效果评价

（1）要求上交以下资料

1）放样数据准备表（表4-9）。

放样数据准备表　　　　　　　　　　表4-9

点名	X坐标（m）	Y坐标（m）	高程（m）	备注

2）各组提交实训总结报告一份，由指导老师现场检查放样成果，方格网主轴线最好撒石灰线标示。

（2）实训效果评价

实训效果评价表（表4-10）。

实训效果评价表　　　　　　　　　　表4-10

日期：　　　　　　班级：　　　　　　组别：

实训任务名称		
实训技能目标		
主要仪器及工具		
任务完成情况	是否准时完成任务	
任务完成质量	成果精度是否符合要求，记录是否规范完整	
实训纪律	实训是否按教学要求进行	
存在的主要问题		

课后习题

1. 填空题

（1）根据工程设计图纸上待建的建筑物相关参数将其在实地标定出来的工作是_____。

（2）测设的基本工作包括平面点位的放样和_____的放样。

（3）点的平面位置测设常用的方法有_____，_____，_____，_____。

（4）建筑基线常用的形式有三点_____字形、三点_____字形、四点_____字形、五点_____字形。

（5）施工控制网分为_____和_____两种，前者常采用三角网、导线网、_____或_____等，后者则采用_____。

（6）对于建筑物密集和建筑物布置较规则的大中型场地，常布设成_____或_____的格网作为施工控制网，即建筑方格网。

（7）坐标正算是指_____，坐标反算是根据两点平面直角坐标推算_____和_____。

（8）要在 AB 方向上测设一条坡度为 1% 的坡度线，已知 A 点高程为 24.050m，AB 的实地水平距离为 120m，则 B 点高程应为_____m。

（9）已知 AB 边坐标方位角 $=165°15'36''$，AB 边水平距离 $=240$，A 点坐标为（1000.000，1000.000），则_____为_____，_____为_____，B 点坐标为_____。

2. 计算题

（1）利用高程为 9.531m 的已知水准点，要测设高程为 9.880m 的室内 ±0.000m 的地坪标高，设用一木杆立在水准点上时，按水准仪水平视线在木杆上画一条线，问：在此木杆上什么位置再画一条线才能使视线对准此线时，木杆底部就是标高位置？

（2）测量控制点为 A，B，测设点 1、2、3 的坐标分别如下：$x_A=400m$，$y_A=495m$，$x_B=500m$，$y_B=500m$，$x_1=481.04m$，$y_1=500.36m$，$x_2=495.72m$，$y_2=497.28m$，$x_3=510.40m$，$y_3=494.20m$，现准备将仪器安置于 B 点，用点 A 定向，利用极坐标法测设 1、2、3 点：请作示意图；试求测设数据；简述测设过程；计算 D_{12}，D_{23} 以备现场检查之用。

（3）已知：$\alpha_{AB}=300°04'00''$，$x_A=14.25m$，$y_A=86.78m$，$x_1=44.25m$，$y_1=56.78m$，

x_2=54.22m，y_2=101.41m，现将仪器安置于 A 点，用点 B 定向，利用极坐标法测设 1、2 两点，请计算测设数据，并计算出检核角与边的数值。

（4）如图 4–25 所示，测得 β=180°00′36″，设计图中 a=155.0m，b=101.0m，试求三点 A′，B′，O′ 的调整移动量。

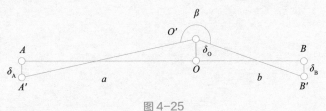

图 4–25

（5）如图 4–26 所示，建筑基线的控制点 E 的坐标为 X_E=400，Y_E=400，现欲根据 E 放样点 P（X_p=350，Y_p=450），EF 的方位角 a_{EF}=237°45′30″，试求用极坐标法测设 P 点所需的数据 B 角和 EP 边长。

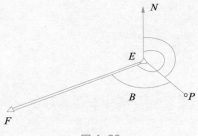

图 4–26

（6）如图 4–27 所示，水准点 A 的高程为 17.500m，欲测设基坑水平桩 C 点的高程为 13.960m，设 B 点为基坑的转点，将水准仪安置在 A、B 间时，其后视读数为 0.762m，前视读数为 2.631m，将水准仪安置在基坑底时，用水准尺倒立于 B、C 点，得到后视读数为 2.550m，当前视读数为多少时，尺底即是测设的高程位置？

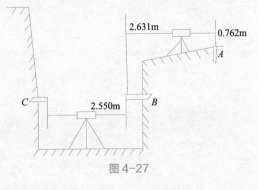

图 4–27

项目 5
建筑物施工测量

教学目标

学习目标

通过学习民用建筑和工业建筑施工测量的内容和方法，能结合建筑工程实际开展建筑施工控制网测量和定位放样等工作，了解建筑物变形观测的主要内容，了解高层建筑施工测量的方法。

功能目标

（1）掌握民用建筑施工测量的工作内容，能结合工程实际开展施工放样工作。

（2）能结合工程建设实际要求，掌握基础施工各项测量工作的内容与方法。

（3）掌握工业建筑施工测量的工作内容，能结合工程实际开展施工放样工作。

（4）了解建筑物变形观测的主要内容。

工作任务

（1）能根据民用建筑定位放线需要，合理制定施工放样方案，掌握利用全站仪等主流测绘仪器进行建筑物定位、放线工作。

（2）能熟练开展龙门板法及轴线控制桩法建筑物细部轴线测设。

（3）能根据施工现场情况和建筑物图纸要求，熟练开展建筑物桩基础中心测设、基础施工测量，能根据需要进行基槽开挖边线和开挖深度测设。

（4）能开展建筑物主体施工测量。

（5）能根据施工图纸进行工业建筑厂房控制网测设，柱列轴线测设、构建与设备安装测量等工作。

任务 5.1　民用建筑施工测量

5-1　民用建筑施工测量

民用建筑物种类繁多，可分为单层、多层和高层建筑，根据其结构特征，其放样的方法和精度要求有所不同，但放样过程基本相同。

民用建筑施工测量的主要工作包括施工放样资料准备，建筑物定位、建筑物细部轴线测设、基础施工测量和主体施工测量等。

1. 施工放样准备工作

民用建筑与工业建筑施工放样时均应准备下列材料：建筑物的设计与说明、总平面图、基础平面图、基础大样图、管网图、建筑物结构图和建筑平、立、剖面图等。

在测设之前应熟悉设计图纸，并计算必要的测设数据。如作为测设建筑物总体定位的依据，建筑总平面图上可以提供拟建建筑物与原有建筑物的平面位置和高程的关系。从建筑平面图中，可以查取该建筑物的总尺寸以及内部各定位轴线之间的关系尺寸，这些数据是施工测设中的必备数据，应确保准确。从基础平面图可以查到基础边线与定位轴的平面尺寸，为基础轴线提供测设数据。从基础详图中可以查取基础立面尺寸和设计标高，为基础高程测设提供数据。从建筑物的立面图和剖面图中，可以查取基础、地坪、门窗、楼板、屋架和屋面等设计高程，便于该施工中的高程测设。

根据设计要求和施工进度计划，结合现场地形和控制网布置情况，确定建筑物测设方案。从建筑总平面图、建筑物平面图、基础平面图及详图中获取相关测设数据，并绘制建筑物定位及细部测设略图，制定测设方案。

施工场地确定后，有时为了保证生产运输有良好的联系及合理组织排水，一般要对场地的自然地形加以平整改造。平整场地通常采用方格网法。

2. 建筑物定位

建筑物定位指在实地标定建筑物外廓轴线交点的工作。测设前应做好相关准备工作：设计图纸分析、现场踏勘、拟定放样方案、检测测量控制点、绘制放样略图等。

建筑物定位后，应进行检核，并经规划部门验线后方能继续施工。其主要测量方法包括：

1）根据测量控制点测设轴线交点的平面位置。根据附近已有控制点和待测设轴线交点的量距和测角方便情况选择测设方法，常用的有极坐标法、全站仪点位放样法和交会法。

2）根据建筑基线、建筑红线或建筑方格网定位。如果施工现场已测设出建筑基线、建筑红线或建筑方格网，则可根据其中的一种来进行建筑物定位。

3）根据与原有建（构）筑物的关系定位。根据设计图上给出的拟建建筑物与原有建筑物或道路中心线的位置关系数据，就可以测设建筑物主轴线，如图 5-1 所示。

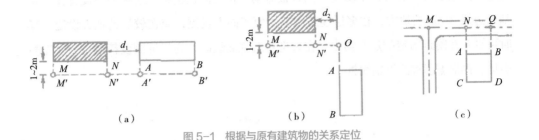

（a） （b） （c）

图 5-1 根据与原有建筑物的关系定位

3. 建筑物细部轴线测设

建筑物细部轴线测设指根据建筑物定位的轴线交点桩详细测设建筑物各轴线的交点桩，然后根据测设的轴线用白灰画出基槽边界线的工作，也称为建筑物放线。由于施工时要开挖基槽，各轴线交点桩均要被开挖掉，因此，在开挖基槽前把各轴线延伸到槽外，在施工的构筑物的周围设置龙门板或轴线控制桩，以方便挖后恢复各轴线。

（1）设置龙门板

一般在小型民用建筑施工中，常在基槽外1~1.5m 处钉设龙门板，如图 5-2 所示。具体步骤为：

1）在建筑物四角与中间纵横隔墙两端一定距离处钉设龙门板，钉设木桩侧面与基槽平行。

2）根据建筑场地附近的已知水准点，用高

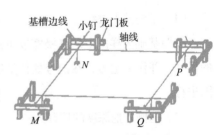

图 5-2 龙门板的设置

程测设方法在每个龙门桩上测设 ±0.000 的标高线。现场条件不许可时，也可测设比 ±0.000 高或低一定数值的标高线。一般同一建筑物选用同一高程，地形起伏时若选用两个高程，一定要标记清楚。

3）沿龙门桩上 ±0.000 高程线钉设龙门板，使得龙门板顶面的高程在同一水平面上，龙门板标高测定的容许误差一般为 ±5mm。

4）根据轴线桩，用经纬仪将墙、柱的轴线投测到龙门板顶面上，并钉小铁钉（轴线钉）标识，其中投测点的误差允许值为 ±5mm。

5）各轴线钉经检验合格后，可以轴线钉为准，将墙宽、基槽宽标示在龙门板上，最后根据基槽上口宽度拉线撒白灰标出基槽开挖边线。

（2）测设轴线控制桩

当施工场地较大，进行机械化施工时，一般只测设轴线控制桩而不测设龙门板，如图5-3所示。在各轴线的延长线测设轴线控制桩，根据需要有时还在轴线控制桩延长线上测设引桩。有时为了防止龙门板被碰动，也会测设引桩。引桩一般设置在距离基槽边线2~4m的地方，在多层建筑中，为便于向上投测，应在较远的地方设定，有时可设置在附近固定的建筑物中。在大型建筑物放线时，为保证测设精度，一般先测引桩，再根据引桩测设轴线桩。

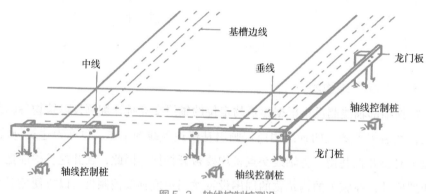

图5-3 轴线控制桩测设

4. 建筑物基础施工测量

（1）基槽挖土放线

按照基础大样图上的基槽宽度再加上口放坡的尺寸，由桩中心向两边各量出相应的尺寸，并作上记号，在记号处拉细线，然后沿细线撒上白灰，挖土时按此画出的范围进行。

（2）基槽开挖深度的控制

测设基槽标高时，应控制好开挖深度，一般不宜超挖。当基槽开挖接近设计标高时，在基槽壁上每隔2~3m处和拐角处，测设一些距离槽底设计标高一整数倍（如0.5m）的水平桩，并沿水平桩在槽壁上弹线作为挖槽深度、修平槽底和铺设基础垫层的依据。水平桩一般根据施工现场已测设的 ±0.000m 标高或龙门板顶面标高，用水准仪按高程基坑测设的方法测设，如图5-4所示。

（3）垫层施工测设

垫层施工测设主要工作为垫层高程控制和垫层面中线测设。为了控制垫层标高，需在基槽壁上测设垫层水平桩，沿水平桩弹出水平墨线或拉上线绳。以此水平线直接控制垫层标高。

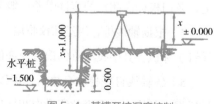

图5-4 基槽开挖深度控制

也可依据水准点或龙门板顶的已知高程，直接用水准仪来控制垫层标高。基础垫层打好后，在龙门板轴线小钉或轴线控制桩上拉线绳、挂垂球，或用经纬仪将轴线投到垫层上，并用墨线弹出墙中心线和基础边线，作为砌筑基础的依据。

（4）基础施工测量

基础底面至室外地坪的垂直距离称为基础埋深。按基础埋深可分为浅基础和深基础。浅基础由垫层、大放脚及基础墙构成。下面以浅基础为例，介绍基础施工测量的主要内容：基础高程控制和基础面轴线恢复测设工作。

基础浇筑时均要立模，故可将基础各层高程，利用水准仪从 ±0.000m 地坪标高处引测到基础拐角位置的模板内壁上，打小钉并弹出墨线，以控制垫层高程，直至基础面。高程测量误差应控制在 ±3mm 内。砖基础施工时，可用"皮数杆"控制（图 5-5）。垫层做完后，根据龙门板或轴线控制桩的基础设计宽度在垫层上弹出中心线及边线，放线时应严格校核尺寸。为防止砌筑基础大放脚收分不均，造成轴线位移，在大放脚砌筑完后，应及时复核轴线，无误后方可砌筑基础墙。

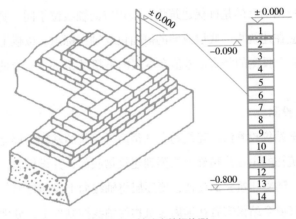

图 5-5　基础皮数杆施测

基础施工完成后，应在基础面上恢复轴线，并检查 4 个主要交角是否等于 90°，同时检查各轴线距离，无误后可将轴线延长至基础外墙侧面，进行墙体施工。

5. 建筑主体施工测量

建筑主体施工测量的主要工作是将建筑物标高和轴线正确地向上引测。随着高层建筑的增多，该项测量工作愈发显得重要。

（1）墙体定位

利用轴线控制桩或龙门板上的轴线和墙边线标志，用拉细线绳、挂垂球的方法或用经纬仪将轴线投测到基础面或防潮层上，然后用墨线弹出墙中线和墙边线。检查外墙轴线交角是否等于90°。符合要求后，延伸墙轴线并画在外墙基础上，作为向上投测轴线的依据，如图5-6所示。同时也在外墙基础立面上画出门、窗和其他洞口的边线。

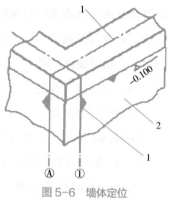

图5-6　墙体定位
1—墙中线；2—墙边线

（2）墙体标高控制

在砌墙体时，先在基础上根据定位桩（或龙门板上的轴线）弹出墙的边线和门洞的位置，并在建筑物的拐角和隔墙处立皮数杆，并使皮数杆的 ±0.000 m 标高与室内地坪标高相吻合。在基础上弹出墙的边线以后，便可根据墙的边线和皮数杆砌墙。当墙砌到窗台时，在外墙面量出窗的位置，并预留窗洞的位置，通常按设计图上的窗洞尺寸即可。此外，要在内墙面上高出室内地坪标高 20~30cm 的地方用水准仪测出一条标高线，并在内墙面的周围弹墨线标出，作为检查楼板底面、室内地坪和安装门窗等标高位置的依据。

（3）楼层轴线投测与高程传递

建筑物轴线投测的目的是确保建筑物各层相应的轴线位于同一竖直面内。投测建筑物主轴线时，应在建筑物的底层或墙的侧面设立轴线标志，以供上层投测之用。要控制与检核轴线向上投测的竖直偏差值在本层内不超过5mm，全楼的累计偏差值不超过20mm。

1）楼层轴线投测。

①经纬仪或全站仪投测法。建筑物尤其是高层建筑的基础工程完工后，须用经纬仪或全站仪将建筑物的主轴线精确地投测到建筑物底部，并设标志，以供下一步施工与向上投测之用。随着建筑物的建造，要逐层将轴线向上投测传递。向上投测传递轴线时，是将经纬仪或全站仪安置在远离建筑物的轴线控制桩上，分别以正、倒镜两个盘位照准建筑物底部所设的轴线标志，向上投测到每层楼面上，取正、倒镜两投测点的中点，即得投测在该层上的轴线点。按此方法分别在建筑物纵、横主轴线的四个轴线控制桩上架设经纬仪或全站仪，就可在同一层楼面上投测出四个轴线点。如图5-7所示，楼面上纵、横轴线点连线的交点，即为该层楼面的投测中心。

当楼层逐渐增高时，由于控制桩离建筑物较近，经纬仪或全站仪向上投测的仰角增大，则投点误差也随着增大，投点精度降低，且观测操作不方便。因此，必须将主轴线控制桩引测到远处的稳固地点或附近大楼的屋面上，以减小仰角，采用如图5-8所示的引桩投测法。

将经纬仪或全站仪安置在已经投测上去的较高层（如第十层）楼面轴线 $a_{10}O_{10}a_{10}{}'$

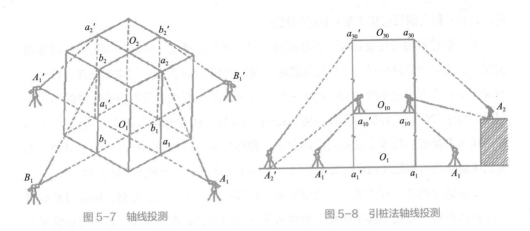

图 5-7　轴线投测　　　　　　　　　　图 5-8　引桩法轴线投测

上，照准地面上原有的轴线控制桩 A_1、A_1'，用盘左和盘右将轴线延长到远处 A_2、A_2'，标志其位置，即为 A 轴新投测的控制桩。对更高各层的中心轴线可将经纬仪或全站仪安置于 A_2、A_2' 处，按轴线投测方法逐层向上投测，直至完成工程施工。

②垂线法。将垂球悬吊在建筑物的边缘，垂球尖对准轴线标志，在各楼层定出其主轴线点。由于该法受风力等影响较大，误差也较大。

③激光铅垂仪投测法。激光铅垂仪是一种供铅直定位的专用仪器，适用于高层建筑、烟囱和高塔架的铅直定位测量。它主要由氦氖激光器、竖轴、发射望远镜、管水准器和基座等部件组成，使用时利用激光器底端（全反射棱镜端）所发射的激光束进行对中，通过调节基座整平螺旋，使管水准器气泡严格居中，从而使发射的激光束铅直。为了使激光束能从底层直接打到顶层，在各层楼面的投测点处需预留孔洞，或利用通风道、垃圾道或电梯升降道等。如图 5-9 所示，将激光铅垂仪安置在底层测站点 C_0，进行严格对中、整平，接通激光电源，起辉激光器，即可发射出铅直激光基准线。在高层楼板孔上水平放置绘有坐标网的接收靶 P，激光光斑所指示的位置，即为测站点 C_0 的铅直投影位置。

④光学垂准仪投测法。光学垂准仪是一种能瞄准铅垂方向的仪器，使用时将仪器架在底层辅助轴线的预理标志上，当得到指向天顶的垂准线后，观测者可借助目镜端指挥另外作业人员在相应楼层的垂准孔上设立标志，完成轴线从底层向高层的传递。

2）高程传递。高层建筑物施工中，楼层高程传递使上层楼板、门窗口、室内装修等工程的标高符合设计要求。主要方法有：利用皮数杆

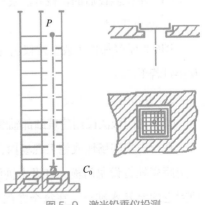

图 5-9　激光铅垂仪投测

传递高程；利用钢尺直接丈量；悬吊钢尺法。

①一般建筑物可用皮数杆来传递高程。对于高程传递要求较高的建筑物，通常用钢尺直接丈量来传递高程。一般是在底层墙身砌筑到 1.5m 高后，用水准仪在内墙面上测设一条高出室内地平线 +0.5m 的水平线。作为该层地面施工及室内装修时的标高控制线。对于二层以上各层，同样在墙身砌到 1.5m 后，从楼梯间用钢尺从下层的 +0.5m 标高线向上量取一段等于该层层高的距离，并作标志。这样用钢尺逐层向上引测。根据具体情况也可用悬挂钢尺代替水准尺，用水准仪读数，从下向上传递高程。

②框架结构的高程传递。一般建筑物选择隔一定柱距的柱子外侧，用悬吊垂球将轴线投测在柱子外侧，再用钢尺沿轴线从下一层的 +0.5m 水平线处，量一层层高至上一层的 +0.5m 水平线处，逐层向上传递高程。一般先在底层主体施工中，用水准仪在柱子钢筋上测设一条高出室内地平线 +0.5m 的水平线，作为向上绑扎钢筋标高的依据。支模板时还应将 +0.5m 的水平线抄平到柱子木板上作为模板标高的依据；柱子拆模板后再次将 +0.5m 水平线抄平到柱子侧面作为向上传递高程的依据，并作为该层地面施工及室内装修时的标高控制线。对于二层以上各层同法施工，检查层高时可悬挂钢尺，用水准仪读数一层 +0.5m 水平线，从下向上传递检查高程。

实训 5-1　建筑物细部轴线测设

1. 实训目的

（1）掌握民用建筑施工测量的主要内容。

（2）掌握龙门板法测设建筑物细部轴线及轴线引测的方法。

（3）能进行轴线控制桩法测设建筑物细部轴线。

（4）掌握测设后的检核方法及调整方法。

2. 实训器材

DJ6 光学经纬仪（或全站仪）、钢尺、红笔、标杆、锤子、龙门板、龙门桩、木桩及小钉若干。

3. 实训内容

（1）龙门板法民用建筑细部轴线测设

在校内实训场地或施工现场内，根据建筑物四角位置，与中间纵横隔墙两端间隔一定距离处钉设龙门板，钉设木桩侧面与基槽平行，如图 5-10 所示。再根据建筑场地附近的已知水准点，在每个龙门桩上测设 ±0.000 的标高线。现场条件不许可时，

也可测设比 ±0.000 高或低一定数值的标高线。钉设木桩侧面与基槽平行然后沿龙门桩上 ±0.000 高程线钉设龙门板，使得龙门板顶面的高程在同一水平面上，接着，用经纬仪将墙、柱的轴线投测到龙门板顶面上，并钉小铁钉（轴线钉）标识，其中投测点的误差允许值为

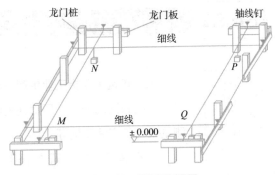

图 5-10 龙门板测设图

±5mm。最后，以轴线钉为准，将墙宽、基槽宽标示在龙门板上，将相关轴线钉用丝线相连，并根据基槽上口宽度拉线撒出基槽开挖边线。龙门板标高测定的容许误差一般为 ±5mm。

（2）轴线控制桩法测设细部轴线（详见"任务 5.1 中的测设轴线控制桩"部分）。

4. 实训注意事项

（1）实训过程中应对放样成果进行检核，并将检核结果登记在册。

（2）注意实训时各项测量精度要求，测量成果应符合误差限差。测设结果超限，应立即重测。

（3）测设建筑物细部轴线应根据建筑施工图纸进行。

5. 实训成果提交

（1）要求上交以下资料

实训成果根据现场标定的情况，以指导教师检查合格为准，条件具备应拉轴线或弹墨线或撒灰标示。

（2）实训效果评价（表 5-1）

实训效果评价表   表5-1

日期：   班级：   组别：

实训任务名称		
实训技能目标		
主要仪器及工具		
任务完成情况	是否准时完成任务	
任务完成质量	成果精度是否符合要求，记录是否规范完整	
实训纪律	实训是否按教学要求进行	
存在的主要问题		

任务 5.2　　工业建筑施工测量

5-2　工业建筑施工测量

工业建筑主要指工业生产性建筑，其施工放样的主要工作包括厂房矩形控制网的测设、厂房柱列轴线测设、基础施工测量、构件安装测量及设备安装测量等。

1. 厂房矩形控制网的测设

对于结构安装简单、跨度较小的厂房定位与轴线测设可按民用建筑施工方法进行。对大型的、结构安装及设备安装复杂的厂房，其柱列轴线通常根据厂房矩形控制网来测设。厂区已有控制点的密度和精度往往不能满足厂房放样的需要，还应在厂区控制网的基础上建立适应厂房规模和外形轮廓，并能满足该厂房特殊精度要求的独立矩形控制网，作为厂房施工测量的基本控制。在确定主轴线点及矩形控制网的位置时，必须保证控制点能长期留存，因此要避开地上和地下管线，并与建筑物基础开挖边线保持 1.5~4 m 的距离。距离指标桩的间距一般为柱子间距的整数倍，但不超过所用钢尺的长度。矩形控制网的测设可以采用直角坐标法、极坐标法和角度交会法等。

2. 厂房柱列轴线测设

根据厂房平面图上所注的柱间距和跨距尺寸，用钢尺沿矩形控制网各边量出各柱列轴线控制点位置，如图 5-11 所示，1′、2′、…、1，2，…，NM…，并打入大木桩，桩顶用小钉标示出点位，作为柱基测设和施工安装的依据。丈量时可根据矩形边上相邻的两个距离指标桩，采用内分法测设。

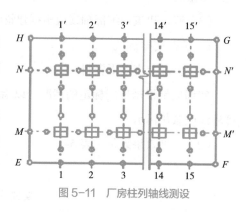

图 5-11　厂房柱列轴线测设

3. 基础施工测量

厂房基础施工测量的主要工作有柱基放线、基坑整平、基础模板定位和设备基础施工测设。

1）柱基放线。指根据轴线控制桩定出各柱基的位置，设置柱基中心线桩，并按基坑尺寸撒白灰标出基槽边线，以便开挖。

2）基坑整平。当基坑挖到接近坑底设计标高时，要在基坑四壁离坑底 0.3~0.5 m 处测设几个水平桩，作为基坑修坡和检查坑深的依据。此外还应在基坑内测设垫层的标高，即在坑底设置小木桩，使桩顶高程恰好等于垫层的设计标高。

3）基础模板定位。打好垫层后，根据坑边定位小木桩，用拉线吊垂球的方法把柱基定位线投到垫层上，弹出墨线，用红漆标记，作为柱基立模板和布置钢筋的依据。立模板时，将模板底线对准垫层上的定位线，并用锤球检查模板是否竖直，最后将柱基顶面设计标高测设在模板内壁，作为浇筑混凝土的依据。

4）设备基础施工测设。现代工业厂房由于其主要设备及辅助设备常重达数千吨，通常需安装在混凝土基础上，上面有精度要求较高的地脚螺栓，在设备基础中有各种不同用途的金属预埋件须在浇筑混凝土之前按设计的位置固定，若这种预埋件安装预埋出错，则会使得基础发生返工。基础施工的深度亦取决于生产设备，有时能达十多米。故需根据所安装设备的布置与形式来确定基础平面的配置。其主要工作有基础定位、基槽底放线、地脚螺栓安装放线、中心标板投点等，其中前三步工作与柱基施工测量相同。小型设备基础的地脚螺栓可借助木支架定位，木支架装在基础模板上，地脚螺栓装在支架上，根据设计尺寸安装支架，就可放样出螺栓的位置。大型设备的基础可借助金属的地脚螺栓固定支架，并用水准仪测设标高。在基础拆模后，应先细致地检查中线原点，根据厂房控制网的中心线原点开始投点，测设后在标板上刻出十字标线。

4. 构件安装测量

柱子、桁架或梁的安装测量前应熟悉图纸，了解限差要求，选定作业方法。主要工作有柱子吊装测量、吊车梁吊装及吊车轨道安装测量、屋架安装测量等。

（1）柱子吊装测量

柱子吊装时应满足的测量精度要求：

1）柱子中心线应与相应的柱列轴线一致，其允许偏差为 ±5mm。

2）柱身垂直允许误差：当柱高不大于 5 m 时为 ±5mm；当柱高 5~10m 时，为 ±10mm；当柱高超过 10 m 时，则为柱高的 1/1000，一般不超过 20mm。

3）托架顶面及柱顶面的实际标高应与设计标高一致，其允许误差为 ±（5~8）mm 柱子安装测量主要内容：

①投测柱列轴线。吊装前根据轴线控制桩将基础中心线投测到基础顶面上，并用墨线标明，如图 5-12 所示。同时在杯口内壁用水准仪测设一条已知标高线，从该线起向下量取一个整分米数即为杯底的设计标高，用以检查杯底标高是否正确。

②柱身弹线。柱子吊装前，应将每根柱子按轴线位置进行编号，在柱身三个面上弹出柱中心线，在每条线的上端和近杯口处划上标志，以供校正时照准。

③柱身检查与杯底找平。如图 5-13 所示，为了保证吊装后的柱子托架面符合设计高程 H_2，必须使杯底高程 H_1 加上柱脚到托架面的长度 L 等于 H_2。常用的检查方

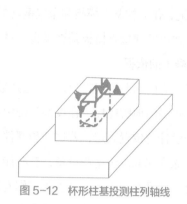

图 5-12　杯形柱基投测柱列轴线

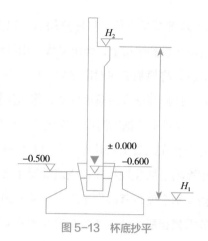

图 5-13　杯底抄平

法是沿柱子中心线根据 H_2 用钢尺量出 $-0.6m$ 标高线，及此线到柱底四角的实际高度 $h_1 \sim h_4$，并与杯口内 $-0.6\,m$ 标高线到杯底与柱底相对应的四角的实际高度进行比较，从而确定杯底四角找平厚度。由于浇筑杯底时，通常使其低于设计高程 $3 \sim 5cm$，故可用水泥砂浆根据确定的找平厚度进行找平，从而使托架面的标高符合设计要求。

　　④柱子安装测量。当柱子起吊插入杯口后，要使柱底中心线与杯口中心线对齐，用木楔或钢楔初步固定，容许误差为 $\pm 5mm$。柱子立稳后，立即用水准仪检测柱身上的 ± 0.000 标高线，看其是否符合设计要求，其允许误差为 $\pm 3mm$。柱子初步固定后，即可进行竖直校正，校正方法如图 5-14（a）所示。用两架经纬仪或全站仪分别安置在互相垂直的两条柱列轴线附近，用望远镜照准柱底中线，固定照准部后缓慢抬高望远镜，观测柱身上的中心标志或所弹的中心墨线，若同十字丝竖丝重合，则柱子在此方向是竖直的；若不重合，则应调整使柱子垂直。实际工作中常遇到的是成排的柱子，如图 5-14（b）所示，此时经纬仪或全站仪不能安置在柱列中线上，可在偏离中心线 $3m$ 以内，尽量靠近轴线的地方安置经纬仪或全站仪，使 $\beta < 15°$，使安置一次仪器可校正几根柱子。柱子校正以后，应在柱子纵、横两个方向检测柱身的垂直度偏差值。满足要求后，要立即灌浆，固定柱子位置。

　　校正柱子时，应注意以下事项：

　　A. 所用仪器必须严格检校。

　　B. 校直过程中，尚需检查柱身中心线是否相对于杯口的柱中心线标志产生了过量的水平位移。

　　C. 瞄准不在同一截面的中心线时，仪器必须安在轴线上。

　　D. 柱子校正宜在阴天或早晚进行，以免柱子的阴、阳面产生温差使柱子弯曲而影响校直的质量。

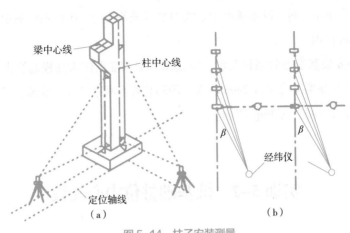

图 5-14 柱子安装测量

（2）吊车梁吊装及吊车轨道安装测量

根据 ±0.000 标高线，沿柱子侧面向上量取一段距离，在柱身上定出托架面的设计标高点，作为修平托架面及加垫板的依据。先按设计高程检查两排柱子托架的实际高程，根据检查结果进行托架面修平或加垫块。同时，在柱子的上端比梁顶面高5~10cm处测设一标高点，据此修平梁顶面。梁顶面置平以后，应安置水准仪于吊车梁上，以柱子托架上测设的标高点为依据，检测梁面的标高是否符合设计要求，其容许误差应不超过 ±（3~5）mm。然后在托架面上定出吊车梁的中心线，同时在吊车梁顶面和两端面上弹出中线，最后进行吊车梁的吊装，要求使吊车梁中心线与托架上中心线对齐。吊车轨道安装测量主要是将轨道中心线投测到吊车梁上，常采用平行线法。

（3）屋架安装测量

首先进行柱顶抄平测量。屋架是搁在柱顶上的，安装之前，必须根据各柱面上的±0.000 标高线，利用水准仪或钢尺，在各柱顶部测设相同高程数据的标高点，作为柱顶抄平的依据，以保证屋架安装平齐，然后进行屋架定位测量。屋架吊装前，用经纬仪或其他方法在柱顶面上放出屋架定位轴线，并应弹出屋架两端头的中心线，以便进行定位。屋架吊装就位时，应该使屋架的中心线与柱顶上的定位线对准，允许误差为 ±5mm。最后进行屋架垂直控制测量。在厂房矩形控制网边线上的轴线控制桩上安置经纬仪，照准柱子上的中心线，固定照准部，然后将望远镜逐渐抬高，观测屋架的中心线是否在同一竖直面内，以此进行屋架的竖直校正。屋架安装的竖直容许误差为屋架高度的 1/250，但不得超过 ±15mm。

5. 设备安装测量

设备的安装测量应根据设备设计位置精确放样，并符合下列要求：

1）设备基础中心线的复测与调整。基础竣工中心线必须进行复测，两次测量的较差不应大于5mm。同一设备基准中心线的平行偏差或同一生产系统的中心线的直线度应在 ±1mm 以内。

2）设备安装基准点的高程测量。应使用一个水准点作为高程起算点，一般设备基础基准点的标高偏差应在 ±2mm 以内，传动装置有联系的设备基础，其相邻两基准点的表高偏差应控制在 ±1mm 以内。

实训5–2　桩基础桩位中心测设

1. 实训目的

（1）掌握桩基础桩位中心的测设方法。

（2）能够进行桩基础定位图识读，能开展桩位中心测设放样元素的计算。

2. 实训器材

全站仪1台、三脚架、标杆棱镜2根，50m钢尺1把、钢卷尺1把、木桩、小钉、记录手簿等。

3. 实训内容

（1）准备工作

现场踏勘，查看施工现场场地情况；识读施工图，尤其是桩位平面图和大样图，搞清桩位尺寸；在施工现场或总平面图上查清定位桩位置；全站仪坐标放样需要计算每根桩中心放样坐标元素（x, y），若为经纬仪则需计算角度、距离的放样元素；做好测量技术交底工作，尤其是定位已现场放样并复核，放样元素均已计算并复查，场地条件具备。

（2）施测步骤

①识读施工图→计算放样元素→复核定位桩→建测站点→桩位中心测设→桩位中心自检→做好引桩→桩位中心验收。

②全站仪（坐标放样）元素计算：先设独立坐标，以左下角为起点设置独立坐标系，如以 A 轴为 Y 坐标，以 1 轴为 X 轴，以两轴交点坐标为原点，查询桩位图，如图 5–15 所示。明确尺寸关系，然后计算各桩点的坐标，输入全站仪。

③建筑物定位桩。通常建筑物定位桩由城市规划部门红线测量技术人员在现场放出，并完成定位桩的交接，交接后应检验，符合要求后再放样。另一种情况为建设单位提供测量控制点坐标，施工单位放样出建筑物定位桩，同样应检验，符合要求后再放样。

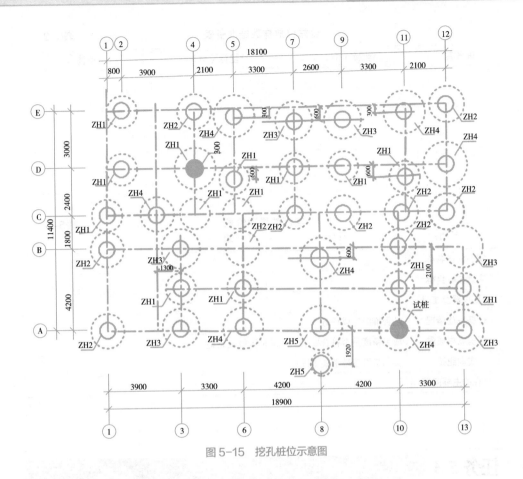

图 5-15　挖孔桩位示意图

④桩位中心测设。以全站仪坐标放样法测设桩位中心，无全站仪时也可用经纬仪＋钢尺。两者不同的是放样元素，全站仪放样元素为各桩中心坐标，经纬仪放样需计算的是旋转角和边长。桩位中心测设好后应自检，查看桩位是否符合要求，并做好建筑物引桩，填写好放样记录，报监理验收。

（3）桩位中心测设精度要求：桩位中心测设偏差不大于 20mm。

（4）成品保护。对放出的桩位中心，用小木桩标出钉牢，撒上白灰，便于查找。对放出的引桩用混凝土固定，做出标志，避免损坏。人工挖孔灌筑桩可一次性放出，机械桩可按施工进程放样，以免损坏再放。

4. 实训成果提交和实训效果评价

（1）要求上交的资料

1）全站仪放样数据准备表（表 5-2）。

2）各组提交实训总结报告一份，由指导老师现场检查放样成果。

（2）实训效果评价（表 5-3）

全站仪放样数据准备表　　　　　　　　　　　　表5-2

桩号名	X坐标（m）	Y坐标（m）	备注

实训效果评价表　　　　　　　　　　　　表5-3

日期：　　　　　　班级：　　　　　　组别：

实训任务名称		
实训技能目标		
主要仪器及工具		
任务完成情况	是否准时完成任务	
任务完成质量	成果精度是否符合要求，记录是否规范完整	
实训纪律	实训是否按教学要求进行	
存在的主要问题		

任务 5.3　　建筑物的变形观测

5-3　建筑物变形
观测

　　　工业与民用建筑物、地基基础、建筑场地等的维护及使用，常需进行变形观测。一些大型或重要建筑物，在工程设计时就应统筹安排变形观测，施工过程中即应进行变形观测。变形测量的观测周期应根据待测建筑的特征、变形速率、工程地质条件及观测精度要求等综合考虑。我国国家标准《工程测量标准》GB 50026 规定了变形监测的等级划分及精度要求，变形观测的精度应根据建筑物的结构、重要性、对变形的敏感程度等确定。如观测的目的是确保建筑物的安全，使变形值不超过某一允许的数值，则观测的中误差应小于允许变形值的 1/20~1/10。例如，设计部门允许某大楼顶点的允许偏移值为 120mm，以其 1/20 作为观测中误差，则观测精度为 $m=\pm 6mm$。如果观测目的是研究其变形过程，则中误差应比这个数小得多。通常，从实用目的出发，对建筑物的观测应能反映 1~2mm 的沉降量。变形测量通常需使用精密仪器，每次观测前，应对仪器和设备进行检验校正。变形测量结束后,应根据工程实际需要,整理观测资料,

绘制变形值成果表、观测点布置图、变形量曲线图，以及荷载、温度、变形量相关曲线图，并进行变形分析等。

1. 沉降观测

沉降观测是指测定建筑物上一些点的高程随时间而变化的工作。选择一些能表示沉降特征的部位设置沉降观测点，按设计图纸埋设。一般在建筑物四角或沿外墙每10~15m处布设，或每隔2~3根柱基础、在裂缝或伸缩缝的两侧，以及新旧建筑或高低建筑纵横墙交接处，建筑物不同结构的分界处和一些高耸建筑物的基础轴线的对称部位处布设。对于宽度大于15 m的建筑物，在其内部有承重墙和支柱时，应尽可能布设观测点。布设的观测点一般不得少于4个，以便从各个沉降观测点高程的变化中了解建筑物的升降变形情况。沉降观测的方法视精度要求而定，通常有一、二、三等水准测量，三角高程测量等。城市地区的沉降观测水准基点可用二等水准与城市水准点连测，可以采用假定高程。在建筑物变形观测中，进行最多的是沉降观测。对中、小型厂房和建筑物，可采用普通水准测量；对大型厂房和高层建筑，应采用精密水准测量。

建筑物沉降观测的周期。施工期间，高层建筑每增加一二层应观测一次，其他建筑的观测总次数不应少于5次。竣工后的观测周期根据建筑物的稳定情况确定。

基础沉降观测应在浇筑底板前和基础浇灌后至少各进行一次，地基土的分层观测应在基础浇筑前进行一次，回弹点的高程应在基坑开挖前、后及浇筑基础前各进行一次。

沉降观测的水准路线（从一个水准基点到另一水准基点）应形成闭合线路。与一般水准测量相比，不同的是视线长度较短，一般不大于25m，一次安置仪器可以有几个前视点。为了提高观测精度，可采用"三固定"的方法，即固定人员，固定仪器和固定施测路线、镜位与转点。观测时，前后视宜使用同一根水准尺，且保持前后视距大致相等。由于观测水准路线较短，其闭合差一般不会超过2mm。闭合差可按测站平均分配。

各项观测的记录必须注明观测时的气象和荷载变化情况。

观测成果整理：每次观测结束后应检查记录数据的准确性及精度是否合格，把各次观测点的高程整理入观测成果表（表5-4），并计算两次观测之间的沉降量和累计沉降量，同时注明日期及荷载情况，可根据沉降量、荷载、时间三者之间的关系，画出曲线图，如图5-16所示。

2. 倾斜观测

测定建筑物倾斜度随时间而变化的工作称为倾斜观测。测定方法有两类：一类是

观测成果表 表5-4

观测日期	荷载 (t/m²)	观测点								
		1			2			3		
		高程 (m)	本次沉降 (mm)	累计沉降 (mm)	高程 (m)	本次沉降 (mm)	累计沉降 (mm)	高程 (m)	本次沉降 (mm)	累计沉降 (mm)
1996.3.15	0	21.067	0	0	21.083	0	0	21.091	0	0
4.1	4.0	21.064	3	3	21.081	2	2	21.089	2	2
4.15	6.0	21.061	3	6	21.079	2	4	21.087	2	4
5.10	8.0	21.060	1	7	21.076	3	7	21.084	3	7
6.5	10.0	21.059	1	8	21.075	1	8	21.082	2	9
7.5	12.0	21.058	1	9	21.072	3	11	21.080	2	11
8.5	12.0	21.057	1	10	21.070	2	13	21.078	2	13
10.5	12.0	21.056	1	11	21.069	1	14	21.078	0	13
12.5	12.0	21.055	1	12	21.068	1	15	21.076	2	15
1997.2.5	12.0	21.055	0	12	21.067	1	16	21.076	0	15
4.5	12.0	21.054	1	13	21.066	1	17	21.075	1	16
6.5	12.0	21.054	0	13	21.066	0	17	21.074	1	17

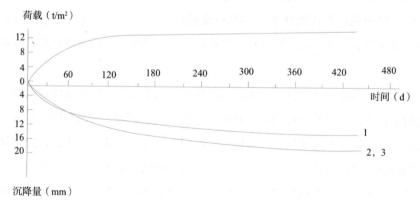

图 5-16 沉降曲线图

直接测定法；另一类是通过测定建筑物基础的相对沉降确定其倾斜度。

（1）一般建筑物的倾斜观测。如图 5-17 所示，将经纬仪安置在离建筑物的距离大于其高度的 1.5 倍的固定测站上，瞄准上部的观测点 M，用盘左和盘右分中投点法定出下面的观测点 N。用同样方法，在与原观测方向垂直的另一方向，定出上观测点 P 与下观测点 Q。相隔一

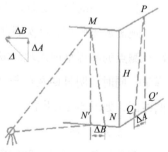

图 5-17 一般建筑物倾斜观测

段时间后，在原固定测站上安置经纬仪，分别瞄准上观测点 M 与 P，仍用盘左和盘右分中投点法得 N' 与 Q'，若 N' 与 N、Q' 与 Q 不重合，说明建筑物发生了倾斜。用尺量出倾斜位移分量 ΔA、ΔB，然后求得建筑物的总倾斜位移量 Δ，即：$\Delta = \sqrt{(\Delta A)^2 + (\Delta B)^2}$

建筑物的倾斜度 i 用下式计算：

$$i = \frac{\Delta}{H} = \tan\alpha$$

式中　H——建筑物高度；

α——倾斜角。

（2）倾斜仪观测。倾斜仪一般能连续读数、自动记录和数字传输，又有较高的精度，故在倾斜观测中应用较多。常见的倾斜仪有水管式倾斜仪、水平摆倾斜仪、气泡式倾斜仪和电子倾斜仪四种。为了实现倾斜观测的自动化，可采用电子水准器，电子水准器可固定在建筑物或设备的适当位置，自动地进行动态的倾斜观测。当测量范围在 200″ 以内时，测定倾斜值的中误差在 ±0.2″ 内。

3. 建筑物的裂缝与位移观测

裂缝是在建筑物不均匀沉降情况下产生不容许应力及变形的结果。当建筑物中出现裂缝，为了安全应立即进行裂缝观测。用两块大小不同的矩形薄白镀锌钢板，分别钉在裂缝两侧，作为观测标志。固定时，使内外两块板的边缘相互平行。将两板的端线相互投到另一块的表面上。用红油漆画成两个标记。如裂缝继续发展，则板端线与三角形边线逐渐离开，定期分别量取两组端线与边线之间的距离，取其平均值，即为裂缝扩大的宽度，连同观测时间一并记入手簿内。此外，还应观测裂缝的走向和长度等项目。

位移观测是根据平面控制点测定建（构）筑物的平面位置随时间而移动的大小和方向。有时只要求测定建（构）筑物在某特定方向上的位移量。观测时，可在垂直于移动方向上建立一条基线，在建（构）筑物上埋设一些观测标志，定期测量各标志偏离基准线的距离，就可了解建（构）筑物随时间位移的情况。

实训5-3　建筑物沉降变形观测

1. 实训目的

（1）熟悉二等水准测量的主要技术指标，掌握二等水准测量的观测、记录、计算方法。

（2）掌握测站及水准路线的检核方法。

（3）二等水准经常作为测量竞赛赛项，应掌握其施测技巧。

（4）知晓数字水准仪二等水准测量法开展建筑物沉降观测的内容，掌握基准点、观测点的布设、观测周期、观测方法及观测成果的整理过程。

（5）能独立完成沉降观测周期中的一次外业观测，能正确填写观测记录并进行成果平差计算。

2. 实训器具

每组数字水准仪 1 台（图 5-18），配套 2m 或 3m 水准尺 1 对、3kg 尺垫 2 个、记录板 1 块。

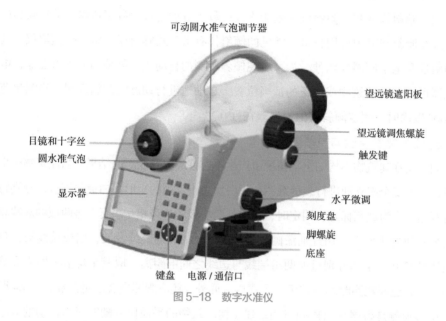

图 5-18　数字水准仪

3. 实训内容

（1）实训内容

在校内测量实训基地对指定建筑物进行沉降观测，观测布网和选点时可根据校内已知水准点情况布设一条闭合水准路线，可假定 1 个已知点（如高程为 100m）和至少 4 个待定点（沉降观测点），也可分为几个测段。各组应按二等水准测量技术要求完成水准路线，确定起始点及水准路线的前进方向。小组成员分工安排：两人扶尺，一人记录，一人观测。最后，平差计算后得到待定点的高程。

（2）实施步骤

一站观测操作步骤：观测者首先应该整平电子水准仪，使水准仪圆水准气泡居中。水准路线采用单程观测，每测站读 2 次高差，观测时一般奇数站为后—前—前—后，偶数站为前—后—后—前，一测段通常设置成偶数站点。

1）奇数站时观测程序如下：

①后视标尺，读取视距读数，读取标尺高差读数；分别记入记录手簿。

②前视标尺，读取视距读数，检查前后视距差是否小于等于1.5m，若符合则读取标尺高差读数，并记录；若不符合则指挥前视尺向前或向后移动标尺，再次读取视距读数，检查前后视距差是否小于等于1.5m，直至符合要求，再读取视距值和标尺读数，记录前视距和标尺高差读数，并计算首次后减前的高差值。

③继续前视标尺，读取标尺高差读数，记入手簿。

④后视标尺，读取标尺高差读数，记入手簿，并计算第二次高差值。

⑤比较两次读数所得高差之差是否小于等于0.6mm，若符合则完成本站观测，搬站准备开始偶数站观测；若不符合，记录者应备注"超限"，并调整仪器高后重测。

2）偶数站时观测程序如下：

①前视标尺，读取视距读数，读取标尺高差读数，分别记入记录手簿。

②后视标尺，读取视距读数，检查前后视距差是否小于等于1.5m，若符合则读取标尺高差读数，并记录；若不符合则指挥前视尺向前或向后移动标尺（方便时也可重新设站），直至符合要求，再读取视距值和标尺读数，记录视距和标尺高差读数，并计算首次高差值。

③继续后视标尺，读取标尺高差读数，记入手簿。

④前视标尺，读取标尺高差读数，记入手簿，并计算第二次后减前高差值。

⑤比较两次读数所得高差之差是否小于等于0.6mm，若符合则完成本站观测，又搬站准备开始奇数站观测；若不符合，记录者应备注"超限"，并调整仪器高后重测。

如此反复进行施测，并完成一测段的偶数站点测量；直至完成整条水准路线的观测。最后进行高差闭合差的调整与高程计算。

4. 实训要求

（1）二等水准测量技术要求（表5-5）。

（2）观测手簿填写规范，计算正确，限差符合规定要求。

二等水准测量某测段手簿示例，如表5-6所示。

二等水准测量技术要求　　　　　　　　　　　　　表5-5

视线长度（m）	前后视距差（m）	前后视距累积差（m）	视线高度（m）	两次读数所得高差之差（mm）	水准仪重复测量次数	测段、环线闭合差（mm）
≥3且≤50	≤1.5	≤6.0	≤2.80且≥0.55	≤0.6	≥2次	≤$4\sqrt{L}$

注：L为路线的总长度（km）。

二等水准测量某测段手簿示例（规范记录参考）　　　表5-6

测站编号	后距	前距	方向及尺号	标尺读数		两次读数之差	备注
	视距差	累积视距差		第一次读数	第二次读数		
1	31.5	31.6	后A	153969	153858	+11	
			前	139269	139260	+9	
	−0.1	−0.1	后－前	+14700	+14698	+2	
			h	+0.14699			
2	36.9	37.2	后	137400	137411 ~~137351~~	−11	测错
			前B	114414	114400	+14	
	−0.3	−0.4	后－前	+22986	+23011	−25	
			h	+0.22988			
3	23.5	24.4	后B	135306	135815	−9	超限
			前	134615	134506	+109	
	−0.9	−1.3	后－前				
			h				
4	23.4	24.5	后B	142306	142315	−9	重测
			前	137615	137606	+9	
	−1.1	−1.5	后－前	+4691	+4709	−18	
			h	+0.04700			

（3）记录规范，不得随意涂改，平差计算表可以用橡皮擦，但必须保持整洁，字迹清晰，不得划改。观测记录的错误数字与文字应单横线正规划去，在其上方写上正确的数字与文字，并在备注栏注明原因："测错"或"记错"，计算错误不必注明原因。

（4）因测站观测误差超限，在本站检查发现后可立即重测，超限成果应当正规划去，超限重测的应在备注栏注明"超限"，重测必须变换仪器高。若迁站后才发现，应退回到本测段的起点重测。

（5）无论何种原因使尺垫移动或翻动，应退回到本测段的起点重测。

（6）水准路线各测段的测站数必须为偶数。

（7）测量员、记录员、扶尺员必须轮换，每人观测1测段、记录1测段。

（8）现场完成高程误差配赋计算。

（9）高程误差配赋计算，距离取位到0.1m，高差及其改正数取位到0.00001m，高程取位到0.001m。表中必须写出闭合差和闭合差允许值。

5. 实训成果提交和效果评价

（1）要求提交的成果：

1）二等水准测量手簿（表5-7）。

二等水准测量手簿　　　　　　　　　　　　　　　　　　　表5-7

测自＿＿＿＿＿＿至＿＿＿＿＿＿观测日期：＿＿＿＿＿年＿＿＿＿＿月＿＿＿＿＿日　　　　气象：

测站编号	后距	前距	方向及尺号	标尺读数		两次读数之差	备注
	视距差	累积视距差		第一次读数	第二次读数		
			后				
			前				
			后－前				
			h				
			后				
			前				
			后－前				
			h				
			后				
			前				
			后－前				
			h				
			后				
			前				
			后－前				
			h				
			后				
			前				
			后－前				
			h				
			后				
			前				
			后－前				
			h				
			后				
			前				
			后－前				
			h				

2）高程误差配赋表（表5-8）。

高程误差配赋表 表5-8

点名	距离（m）	观测高差（m）	改正数（m）	改正后高差（m）	高程（m）
Σ					

$W=$ mm $W_{允}=\pm$ mm

3）沉降观测记录（表5-9）。

沉降观测记录 表5-9

工程名称：＿＿＿＿＿ 记录：＿＿＿＿＿ 计算：＿＿＿＿＿ 校核：＿＿＿＿＿

观测次数	观测时间	观测点沉降情况						施工进展情况	荷载情况（kN/m²）
		001			002				
		高程（mm）	本次下沉（mm）	累计下沉（mm）	高程（mm）	本次下沉（mm）	累计下沉（mm）		
1									
2									
3									
4									
5									
…									

备注：

P-S-T 关系曲线如图5-19所示。

（2）实训效果评价（表5-10）。

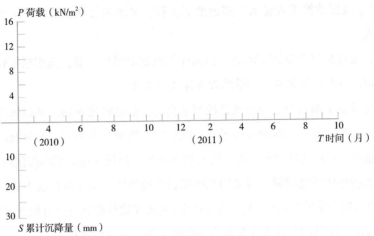

图 5-19　P–S–T 关系曲线

实训效果评价表

表5-10

日期：　　　　　　　班级：　　　　　　　组别：

实训任务名称	
实训技能目标	
主要仪器及工具	
任务完成情况	是否准时完成任务	
任务完成质量	成果精度是否符合要求，记录是否规范完整	
实训纪律	实训是否按教学要求进行	
存在的主要问题	

任务 5.4　高层建筑施工测量

5-4　高层建筑施
工测量

1. 高层建筑的特点

1）高层建筑物的特点是建筑物层数多、高度高，建筑结构复杂，设备和装修标准较高。

2）在施工过程中对建筑物各部位的水平位置、垂直度及轴线尺寸、标高等的精度要求都十分严格。例如，层间标高测量偏差和竖向测量偏差均不应超过 ±5mm，建筑全高（H）测量偏差和竖向偏差也不超过 $2H/10000$，且 30m<H≤60m 时，不应大于 ±10mm；60m<H≤90m 时，不应大于 ±15mm；H<90m 时，不应大于 ±20mm。

3）由于高层建筑工程量大，多设地下工程，又多为分期施工，且工期长，施工现场变化大。

因此，实施高层建筑施工测量，必须仔细地制定测量方案，选用精度较高的测量仪器，并拟出各种控制和检测的措施以确保放样精度。

高层建筑施工测量中主要问题是控制垂直度，就是将建筑物的基础轴线准确地向高层引测，并保证各层相应轴线位于同一侧面内，控制竖向偏差，使轴线向上投测的偏差值不超限。高层建筑物轴线的竖向投测方法主要包括外控法和内控法两种。

当施工场地比较宽阔时，可采用经纬仪引桩投测法（又称外控法）进行轴线的投测；当在建筑物密集的建筑区，施工场地狭小，无法在建筑物轴线以外位置安置仪器时，多采用内控法。施测时必须先在建筑物基础面上测设室内轴线控制点。

2. 外控法

外控法是在建筑物外部，利用经纬仪，根据建筑物轴线控制桩来进行轴线的竖向投测，亦称作"经纬仪引桩投测法"。具体操作步骤如下：

（1）在建筑物底部投测中心轴线位置

高层建筑的基础工程完工后，将经纬仪安置在轴线控制桩 A_1、A_1'、B_1 和 B_1' 上，把建筑物主轴线精确地投测到建筑物的底部，并设立标志，如图 5-20（a）所示的 a_1、a_1'、b_1 和 b_1'，以供下一步施工与向上投测之用。

（2）向上投测中心线

随着建筑物不断升高，要逐层将轴线向上传递。将经纬仪安置在中心轴线控制桩 A_1、A_1'、B_1 和 B_1' 上，严格整平仪器，用望远镜瞄准建筑物底部已标出的轴线 a_1、a_1'、b_1 和 b_1' 点。用盘左和盘右分别向上投测到每层楼板上，并取其中点作为该层中心轴线的投影点 a_2、a_2'、b_2 和 b_2'。

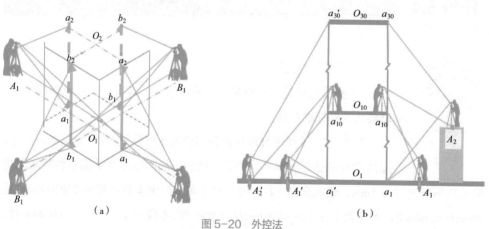

图 5-20　外控法
（a）建筑物轴线投射；（b）增设轴线引桩

（3）增设轴线引桩

当楼房逐渐增高，而轴线控制桩距建筑物又较近时，望远镜的仰角较大，操作不便，投测精度也会降低。将原中心轴线控制桩引测到更远的安全地方，或者附近大楼的屋面。将经纬仪安置在已经投测上去的较高层（如第十层）楼面轴线 a_{10}、a_{10}' 上。瞄准地面上原有的轴线控制桩 A_1 和 A_1' 点，用盘左、盘右分中投点法，将轴线延长到远处的 A_2 和 A_2' 点，并用标志固定其位置，A_2、A_2' 即为新投测的 A_1、A_1' 轴控制桩，如图 5-20（b）所示。

3. 内控法

内控法的优点是不受施工场地限制，不受风雨的影响。施测时先在建筑物底层测设室内轴线控制点，建立室内轴线控制网。用垂准线原理将其轴线点垂直投测到各层楼面上，作为各层轴线测设的依据。故此法也叫垂准线投测法，如图 5-21 所示。

室内轴线控制点的布置依建筑物的平面形状而定。一般平面形状不复杂的建筑物，可布

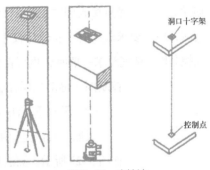

图 5-21　内控法

设成"L"形或矩形控制网。内控点应设在房屋拐角柱子旁边，其连线与柱子设计轴线平行，相距 0.5~0.8m。内控制点应选择在能保持通视（不受构架梁等的影响）和水平通视（不受柱子等影响）的位置。

当基础工程完成后，先根据建筑物施工控制网点，校测建筑轴线控制桩的桩位，看其是否移位变动。若无变化，依据轴线控制桩点，将轴线内控点测设到基础平面上，并埋设标志，一般是预埋一块小铁皮，上面划十字丝，交点上冲一小孔，作为轴线投测的依据。为了将基础层上的轴线点投测到各层楼面上，在内控点的垂直方向上的各层楼面预留约 300mm × 300mm 的传递孔（也叫垂准孔）。并在孔周围用砂浆做成 20mm 高的防水斜坡，以防投点时施工用水通过此孔流落到下方的仪器上。根据竖向投测使用仪器的不同，又分为以下三种投测方法。

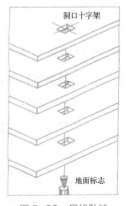

（1）吊线坠法

如图 5-22 所示，吊线坠法是使用直径 0.5~0.8mm 的钢丝悬吊质量 10~20kg 特制的大垂球，以底层轴线控制点为准，通过预留孔直接向各施工层投测轴线。每个点的投测应进行 2 次。2 次投点的偏差，在投点高度小于 5m 时不大于 3mm，高度在

图 5-22　吊线坠法

5m 以上时不大于 5mm，即可认为投点无误，取用其平均位置，将其固定下来。然后再检查这些点间的距离和角度，如与底层相应的距离、角度相差不大时，可进行适当调整，并根据投测上来的轴线控制点加密其他轴线。

（2）天顶垂直法

天顶垂直法是使用激光铅垂仪、激光经纬仪和配有 90° 弯管目镜的经纬仪等垂直向上测设的仪器，进行竖向逐层传递轴线。用激光铅垂仪或激光经纬仪进行竖向投测是将仪器安置在底层轴线控制点上，进行严格整平和对中（用激光经纬仪需将望远镜指向天顶，竖直度盘读数为 0° 或 180°）。在施工层预留孔中央放置专用的透明方尺，移动方尺将激光点接收到方尺刻度中心，即投测的二层轴线控制点，其他内控点同法投测，精度要求较高时，安经纬仪于该点上照准另外一个轴线内控点，在二层建立轴线控制网；精度要求一般时，也可在两控制点间拉钢尺（或拉线绳），在二层建立轴线控制网。再由二层控制网恢复二层轴线。

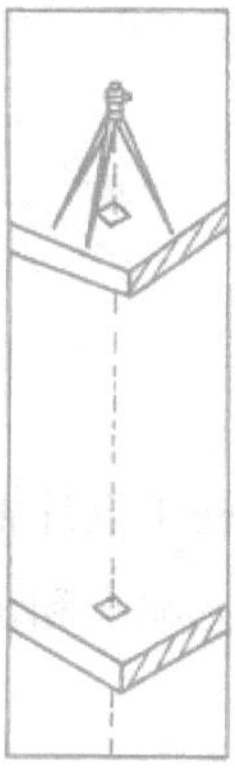

（3）天底垂直法

天底垂直法是使用能测设铅直向下方向的垂准仪器，进行竖向投测。如图 5-23 所示，测法是把垂准经纬仪安置在浇筑后的施工层上，通过在每层楼面相应于轴线点处的预留孔，将底层轴线点引测到施工层上。在实际工作中，可将有光学对点器的经纬仪改装成垂准仪。有光学对点器的经纬仪竖轴是空心的，故可将竖轴中心的光学对中器物镜和转向棱镜以及支架中心的圆盖卸下，在经检核后，当望远镜物镜向下竖起时，即可测出天底垂直方向。改装工作必须由仪器专业人员进行。

图 5-23　天底垂直法

实训 5-4　圆曲线测设

1. 实训目的

（1）了解圆曲线测设数据计算方法。

（2）能够根据测设数据进行圆曲线详细测设。

2. 实训器材

全站仪 1 台、三脚架、棱镜两根，钢尺 1 把、铅笔、计算器、记录手簿等。

3. 实训内容

（1）偏角法测设圆曲线

1）设置路线交点，测定转角 α，选定圆曲线半径 R。

2）如图5-24所示，计算圆曲线主点要素切线长、曲线长、外距及主点桩号，并填入表5-11中。

3）如图5-25所示，计算圆曲线上各待测设中桩的测设数据，填入表5-11中，一般采用整桩号法。

$$T = R \cdot \tan \frac{\alpha}{2}$$

$$L = R \cdot \alpha \cdot \frac{\pi}{180^{\circ}}$$

$$E = R(\sec \frac{\alpha}{2} - 1)$$

$$ZY_{里程} = JD_{里程} - T$$

$$QZ_{里程} = ZY_{里程} + \frac{L}{2} = YZ_{里程} - \frac{L}{2}$$

$$YZ_{里程} = QZ_{里程} + \frac{L}{2} = ZY_{里程} + L$$

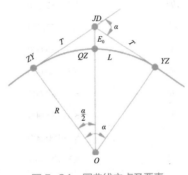

图5-24 圆曲线主点及要素

偏角值：

$$\delta = \frac{\varphi}{2} = \frac{l}{2R} \times \frac{180^{\circ}}{\pi}$$

$$\delta_1 = \frac{\varphi_1}{2} = \frac{l_1}{2R} \times \frac{180^{\circ}}{\pi}$$

$$\delta_2 = \delta_1 + \delta$$

$$\delta_3 = \delta_1 + 2\delta$$

$$\vdots$$

$$\delta_{n-1} = \delta_n + \delta$$

$$\delta_n = \frac{\varphi_n}{2} = \frac{l_n}{2R} \times \frac{180^{\circ}}{\pi}$$

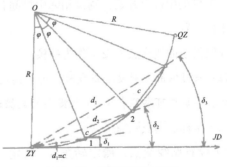

图5-25 偏角法测设圆曲线

4）圆曲线主点测设：全站仪设置于交点，照准后方向所立棱镜，测设切线长 T，确定 ZY 点；照准前方向，测设切线长 T，确定 YZ 点；确定分角线方向，测设外距长 E，确定 QZ 点。

5）圆曲线详细测设：

①安置经纬仪于曲线起点（ZY）上，盘左瞄准交点（JD），将水平盘读数设置为 $0°00'00''$。

②水平转动照准部，使水平度盘读数为拟测设中桩1的偏角值，然后，从 ZY 点开始，沿望远镜视线方向测设出弦长，定出中桩点1，即为该点桩位置。

偏角法测设圆曲线　　　　　　　　　　　　　表5–11

半径	45m	JD	K3+182.760
转角	25°（右转）	ZY	K3+167.760
T（切线长）	9.976m	QZ	K3+182.506
		YZ	K3+197.251

桩号		偏角值 Δ （° ′ ″）	弦长 C（m）
JD	K3+182.760		
ZY	K3+172.784	0	0
1	K3+175.000	1 24 39	2.216
2	K3+180.000	4 35 38	7.208
QZ	K3+182.601	6 14 59	9.798
3	K3+185.000	7 46 37	12.179
4	K3+190.000	10 57 36	17.111
YZ	K3+192.419	12 30 00	19.480

③同步骤②，再继续水平转动照准部，依次使水平度盘读数为其余各中桩偏角值，从上一测设的中桩点开始，测设相邻中桩间弦长与望远镜视线方向相交，定出圆曲线其他中桩位置。

④测设至曲线终点（YZ）作为检核。

注：采用偏角法测设圆曲线时，由于误差累积，一般从 ZY 点和 YZ 点起各测设一半曲线。实训中可参照表5–11所提供的数据进行。

（2）坐标法测设圆曲线

1）设置路线交点，测定转角 α，选定圆曲线半径 R，确定 JD 的坐标为（X_{JD}、Y_{JD}），交点前后直线边的方位角分别为 A_1、A_2。

2）计算圆曲线主点要素切线长、外矢距和曲线长，填入表5–12中。

3）计算圆曲线上各待测设点的坐标，填入表5–12中。

$$X' = R\sin\left(\frac{l'}{R}\frac{180°}{\pi}\right) \qquad Y' = R - R\cos\left(\frac{l'}{R}\frac{180°}{\pi}\right)$$

式中　l'——圆曲线上任意点至 ZY（YZ）点的弧长。

ZY~QZ 段的各点的坐标：

$$X = X_{ZY} - X'\cos A_1 - \zeta Y'\sin A_1 \qquad Y = Y_{ZY} + X'\sin A_1 + \zeta Y'\cos A_1$$

YZ~QZ 段的各点的坐标：

坐标法测设圆曲线　　　　　　　　　表5-12

半径	45m	JD	K3+182.760
转角	25°（右转）	ZY	K3+167.760
T（切线长）	9.976m	QZ	K3+182.506
		YZ	K3+197.251

桩号		X坐标（m）	Y坐标（m）
JD	K3+182.760	500.000	500.000
ZY	K3+172.784	492.946	492.946
1	K3+175.000	494.473	494.551
2	K3+180.000	497.618	498.435
QZ	K3+182.601	499.078	500.587
3	K3+185.000	500.313	534.971
4	K3+190.000	502.524	507.125
YZ	K3+192.419	503.412	509.375

$$X=X_{YZ}-X'\cos A_2-\zeta Y'\sin A_2 \qquad Y=Y_{YZ}-X'\sin A_2+\zeta Y'\cos A_2$$

式中　ζ——路线转向，右转角时 $\zeta=1$，左转角时 $\zeta=-1$。

4）中桩测设。

①将全站仪架设于交点，向后交点方向测设切线长，即可确定圆曲线起点（ZY）。

②将全站仪架设于直圆点（ZY）即为测站点，棱镜设于交点（JD）即为后视点，根据计算所得各中桩的坐标数值，按全站仪坐标放样的方法，依次测设圆曲线上各点（要求先测设 QZ 和 YZ 两点，再测设其他各点）。

③测量交点（JD）至曲线终点（YZ）间距离即切线长（T）作为检核。

注：采用坐标法测设圆曲线时，需在实训之前完成测设数据的计算工作，圆曲线转角及半径数值、交点坐标等数据应结合实训场地具体情况选用适当数值，或亦可参照表5-12所提供的数据进行测设实训。

4. 实训注意事项

（1）注意数据计算应正确无误，测设完各桩后要对各桩点进行位置或距离检核。

（2）实训时应根据场地实际情况进行数据调整。

5. 实训成果提交和实训效果评价

（1）要求提交的成果

现场进行圆曲线上 1~2 个细部点的计算和测设工作，据实际操作的正确性和熟练程度对学生进行评价（表5-13和表5-14）。

偏角法测设圆曲线记录手簿　　　　　　　　表5–13

日期：_____　　天气：_____　　观测者：_____
仪器：_____　　小组：_____　　记录者：_____

半径（m）		JD	
转角		ZY	
T（切线长）		QZ	
		YZ	

桩号		偏角值 $\varDelta$ （° ′ ″）	弦长 C（m）
JD			

坐标法测设圆曲线记录手簿　　　　　　　　表5–14

日期：_____　　天气：_____　　观测者：_____
仪器：_____　　小组：_____　　记录者：_____

半径（m）		JD	
转角		ZY	
T（切线长）		QZ	
		YZ	

续表

桩号		X坐标（m）	Y坐标（m）
JD			

（2）实训效果评价（表5-15）

实训效果评价表 表5-15

日期：   班级：   组别：

实训任务名称	
实训技能目标	
主要仪器及工具	
任务完成情况	是否准时完成任务
任务完成质量	成果精度是否符合要求，记录是否规范完整
实训纪律	实训是否按教学要求进行
存在的主要问题	

 课后习题

1. 填空题

（1）高层建筑物轴线的投测有_____法和_____法两种方法。

（2）垫层施工测设主要工作为_____和_____测设。

（3）_____指根据建筑物定位的轴线交点桩详细测设建筑物各轴线的交点桩，然后根据测设的轴线用白灰画出基槽边界线的工作，也称为建筑物放线。

（4）建筑物定位指_____的工作。可根据_____、_____或_____、_____等进行定位。

（5）在开挖基槽前把各轴线延伸到槽外，在施工的构筑物的周围设置_____或_____，以方便挖后恢复各轴线。

（6）浅基础施工测量的主要内容：_____和_____测设工作。

（7）建筑主体施工测量的主要工作是将建筑物_____和_____正确地向上引测。

（8）工业建筑主要指工业生产性建筑，其施工放样的主要工作包括_____测设、_____测设、_____、_____，及设备安装测量等。

（9）建筑物的变形观测主要内容有建筑物_____观测、建筑物_____观测和建筑物_____观测。

（10）民用建筑施工测量的主要工作包括施工放样资料准备、_____、_____、_____和_____等。

2. 简答题

（1）民用建筑物如何定位与放线？

（2）设置龙门板或引桩的作用是什么？简要说明如何设置。

（3）在墙体施工过程中如何定位和控制标高？

（4）基础开挖时如何控制开挖深度？

（5）一般民用建筑墙体施工过程中，如何投测轴线？如何传递高程？

（6）高层建筑施工测量的特点是什么，高层建筑轴线投测和高程传递的方法有哪些？

项目 6

大比例尺地形图及其应用

教学目标

学习目标

学生通过了解地形图测绘的基础知识和数字测图的方法原理，能开展地形图测绘，能正确识读地形图，知晓地形图在工程建设中的应用。

功能目标

（1）了解地形图测绘的基础知识，能正确进行地形图识读。

（2）能知晓利用全站仪或 GPS 等主流测量仪器开展数字测图。

（3）能利用地形图开展断面图绘制和土石方量计算等主要工程建设应用。

工作任务

（1）会正确识读地形图，能利用地形图开展工程建设应用。

（2）掌握数字测图方法。

地球表面的形体归纳起来可分为地物和地貌两大类。地物是指地面上天然或人工形成的固定性物体，如湖泊、河流、海洋、房屋、道路、桥梁等；地貌是指地球表面各种高低起伏的形态，如山地、丘陵和平原等。地形是地物和地貌的总称。地形图是按照一定的比例尺，用规定的符号表示的地物、地貌平面位置及基本的地理要素且高程用等高线表示的正射投影图。地形图是资源勘察、城乡规划、土地利用、工程设计、河道整治等工作的重要资料。

任务 6.1 数字测图概述

6-1 大比例尺地形基础

1. 地形图测绘的基础知识

（1）比例尺与地形图比例尺精度

地形图的比例尺可定义为：地形图上某线段的长度与实地对应线段的投影长度之比。设地形图上某线段的长度为 d，实地相应的水平距离为 D，则该地图的比例尺为：

$$\frac{1}{M} = \frac{d}{D} \tag{6-1}$$

式中，M 为地形图比例尺分母，分母 M 越大，比例尺越小；分母 M 越小，比例尺越大。比例尺的形式包括数字比例尺、图示比例尺。

一般将数字比例尺化为分子为1，分母由一个比较大的整数 M 表示。如数字比例尺 $1:500 > 1:1000$。通常把比例尺为 $1:500$、$1:1000$、$1:2000$、$1:5000$ 的地形图称为大比例尺地形图；比例尺为 $1:10000$、$1:25000$、$1:50000$、$1:100000$ 的地形图称为中比例尺地形图；比例尺为 $1:200000$、$1:500000$、$1:1000000$ 的地形图称为小比例尺地形图。

城市和工程建设一般需要大比例尺地形图，其中比例尺为 $1:500$ 和 $1:1000$ 的地形图，现在常用数字测图方法测绘。比例尺为 $1:2000$ 和 $1:5000$ 的地形图一般由 $1:500$ 或 $1:1000$ 的地形图缩小编绘而成。大面积 $1:500$~$1:5000$ 的地形图也可以用航空摄影测量方法成图。

为了用图方便，以及避免由于图纸缩放而引起的误差，通常在图上绘制图示比例尺，也称直线比例尺。图 6-1 所示为

图 6-1 $1:500$ 图示直线比例尺

1：500 的图示比例尺，在两条平行线上分成若干 2cm 长的线段，称为比例尺的基本单位。

地形图比例尺的大小，决定了图上内容的显示程度。因此，必须了解各种比例尺地图所能达到的最大精度。由对人眼的分辨能力的分析可知，若以明视距离 250mm 计算，则人眼能分辨出的两点间的最小距离为 0.1mm。因此，某种比例尺地形图上 0.1mm 所对应的实地投影长度，称为该地形图比例尺精度。例如 1：100 万、1：1 万、1：500 的地图比例尺精度依次为 100m、1m、0.05m。表 6-1 为几种比例尺地形图的比例尺精度。

比例尺精度表　　　　　　　　　　　　　　　表6-1

比例尺	1：500	1：1000	1：2000	1：5000	1：10000
比例尺精度（m）	0.05	0.1	0.2	0.5	1.0

利用比例尺精度，根据比例尺可以推算出测图时距离测量应准确到什么程度。例如，1：1000 地形图的比例尺精度为 0.1m，测图时距离测量的精度宜为 0.1m，小于 0.1m 的距离在图上表示不出来。反之，根据图上表示实地的最短长度，可以推算测图比例尺。例如，欲表示实地最短线段长度为 0.5m，则测图比例尺不得小于 1：5000。

比例尺越大，采集的数据信息越详细，精度要求就越高，测图工作量和投资往往成倍增加。使用何种比例尺测图，应从实际需要出发，不应盲目追求更大比例尺的地形图。

（2）地形图图式

为了便于测图和用图，用各种符号将实地的地物和地貌表示在图上，这些符号总称为地形图图式。图式是测绘和使用地形图的重要依据，由国家测绘机关统一颁布。地形图图式中的符号有三种：地物符号、地貌符号、注记，它们是测绘图和用图的重要依据。

1）地物符号。地物符号是用来表示地物的类别、形状、大小及位置的。分为比例符号、非比例符号与半比例符号。如地面上的房屋、桥梁、旱田等地物可以按测图比例尺缩小，用地形图图式中的规定符号绘出，称为比例符号。某些地物的轮廓较小，如三角点、导线点、水准点、水井等按比例无法在图上绘出，只能用特定的符号表示它的中心位置，称为非比例符号。对一些呈现线状延伸的地物，如铁路、公路、管线、围墙、篱笆等，其长度能按比例缩绘，但其宽则不能按比例表示的符号称为半比例符号。

2）地貌符号。在大比例尺地形图上最常用的表示地面高低起伏变化的方法是等高线法，所以等高线是常见的地貌符号。但对梯田、峭壁、冲沟等特殊的地貌，不便用等高线表示时，可根据地形图图式绘制相应的符号。

3）注记。为表明地物的种类和特性，需配合一定的文字和数字加以说明。注记包括地名注记和说明注记。地名注记主要包括行政区划、居民地、道路名称、河流名称、湖泊名称、水库名称、山脉名称、岛礁名称等。说明注记包括文字和数字注记，主要用以补充说明对象的质量和数量属性。如房屋的结构和层数、管线性质和输送物质、河流的深度及流速、等高线高程等。表 6-2 为部分常用地形图图式和地物符号。

部分常用地形图图式 表 6-2

编号	符号名称	图例		编号	符号名称	图例	
		1:500, 1:1000	1:2000			1:500, 1:1000	1:2000
1	坚固房屋 4—房屋层数	坚4		15	电杆		
2	普通房屋 2—房屋层数	2		16	电线架		
3	窑洞 1. 住人的 2. 不住人的 3. 地面下的			17	砖、石及混凝土围墙		
4	台阶			18	土围墙		
5	花圃			19	栅栏、栏杆		
6	草地			20	篱笆		
7	经济作物地			21	活树篱笆		
8	水生经济作物地			29	水准点		
9	水稻田			30	旗杆		
10	旱地			31	水塔		
11	灌木林			32	烟囱		
12	菜地			33	气象站(台)		
13	高压线			34	消火栓		
14	低压线						

（3）等高线

地形图上所表示的内容除地物外，还有地貌。地球表面的自然形态多数是有一定规律的，认识了这种规律，然后采用恰当的符号，即可将其标在图纸上。

1）地貌的基本形状及其名称。尽管地貌千姿百态，错综复杂，但其形态可归纳为五种典型地貌，如图6-2所示。

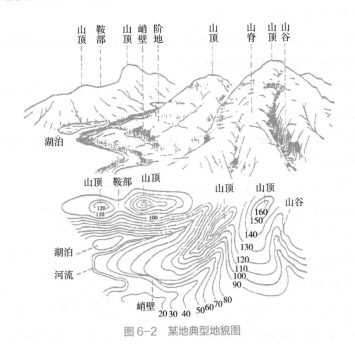

图6-2 某地典型地貌图

①山。较四周显著凸起的高地称为山，尖的山顶山峰附近倾斜较为一致，等高线之间平距大小相等。圆的山顶顶部坡度较为平缓，然后逐渐变陡，等高线平距在距山顶较远处的山坡部分较小，越到山顶，等高线平距越大。山的侧面叫山坡（斜坡）。山坡的倾斜在 20°~45° 的叫陡坡，几乎成竖直形态的叫峭壁（陡壁）。下部凹入的峭壁叫悬崖，山坡与平地相交处叫山脚。

②山脊。山脊是山体延伸的最高棱线，由山体凸棱从山顶伸延至山脚者。山脊最高的棱线称山脊线。以等高线表示的山脊，其等高线凸向低处。雨水以山脊为界流向两侧坡面，故山脊线又称分水线。

③山谷。两山脊之间的凹部称为山谷。以等高线表示的山谷，其等高线，凹向低处，凸向高处。山谷两侧称谷坡。两谷坡相交部分叫谷底。谷底最低点连线称山谷线，雨水从山坡面汇流在山谷，因此谷底最低点连线又称合水线。谷地与平地相交处称谷口。

④鞍部。两个山顶之间的低洼山脊处，形状像马鞍，称为鞍部。鞍部是两个山脊和山谷的汇合点，其等高线是两组相对的山脊等高线和山谷等高线的对称结合。

⑤盆地（洼地）。四周高中间低得地形叫盆地。最低处称盆底。盆底没有泄水道，水都停滞在盆地中最低处。湖泊实际上是汇集有水的盆地。

地球表面的形状，虽有千差万别，但实际上都可看作是一个个不规则的曲面。这些曲面是由不同方向和不同倾斜的平面所组成。两相邻斜面相交处即为棱线，山脊和山谷都是棱线，也称为地貌特征线（地性线），如果将这些棱线端点的高程和平面位置测出，则棱线的方向和坡度也就确定。

在地面坡度变化的地方，比较显著的有：山顶点、盆地中心点、鞍部最低点、谷口点、山脚点、坡度变换点等，都称为地貌特征点。

特征点和特征线构成地貌的骨骼。在地貌测绘中，立尺点应选择在这些特征点上。

2）等高线表示地貌的方法

在地形图上，显示地貌的方法很多，目前常用等高线法。等高线能够真实反映出地貌形态和地面高低起伏。

①等高线的概念。如图6-3所示，设有一座小山的高程为40m、60m、80m、100m的水准面所截，将这些截线沿铅垂方向投影（即垂直投影）到一个水平面M上，按一定比例尺缩小，从而得到一簇表现山头形状、大小、位置以及它起伏变化的等高线。所以等高线就是地面

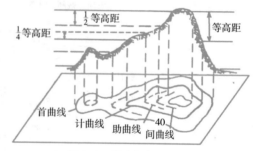

图6-3 等高线定义与分类

上高程相等的相邻各点连成的闭合曲线。也就是水准面与地面相交的曲线。一簇等高线，在图上不仅能表达地面起伏变化的形态，而且还具有一定立体感。

②等高距及示坡线。相邻两等高线之间的高差称为等高距，在同一幅地形上等高距是相同的，一般不能有两种不同的等高距。相邻等高线间的水平距离d，称为等高线平距。等高线平距d越大，表示地面坡度越缓，反之越陡。坡度与等高线平距成反比。

用等高线表示地貌，等高距选择过大，就不能精确显示地貌；反之，选择过小，等高线密集，就会失去图面的清晰度。因此，应根据地形和比例尺参照《1：500 1：1000 1：2000外业数字测图规程》GB/T 14912选用等高距（表6-3）。

按表6-3选定的等高距称为基本等高距，同一幅图只能采用一种基本等高距。等高线的高程应为基本等高距的整倍数。按基本等高距描绘的等高线称首曲线，用细实线描绘；为了读图方便，高程为5倍基本等高距的等高线用粗实线描绘并注记高程，称为计曲线；在基本等高线不能反映出地面局部地貌的变化时，可用1/2基本等高距用长虚线加密的等高线，称为间曲线，间曲线可不闭合，但一般应对称；更加细小的

地形图基本等高距（单位：m）　　　　表6-3

地形类别	比例尺		
	1：500	1：1000	1：2000
平地（m）	0.5	0.5（1.0）	1.0（6.5）
丘陵（m）	1.0（0.5）	1.0	1.0
山地（m）	1.0	1.0	2.0（2.5）
高山地（m）	1.0	2.0	2.0（2.5）

注：括号内表示依用途需要选用的等高距。

变化还可用 1/4 基本等高距用短虚线加密的等高线，称为助曲线。

　　用等高线表示地形时，将会发现洼地的等高线和山头的等高线在外形上非常相似。如图 6-4（a）所示为山头地貌的等高线，图 6-4（b）为洼地地貌的等高线。它们之间的区别在于：山头地貌是里面的等高线高程大；洼地地貌是里面的等高线高程小。

为了便于区别这两种地形，就在某些等高线的斜坡下降方向绘制一条短线表示坡，并把这种短线叫示坡线。示坡线一般仅选择在最高、最低两条等高线上表示，能明显地表示出坡度方向即可。

　　③等高线的特性。等高线的规律和特征可归纳如下：

　　A.在同一条等高线上的各点高程相同。因为等高线

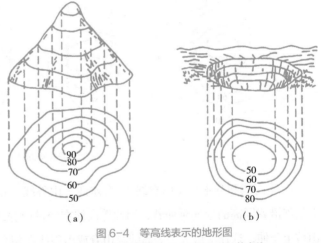

图6-4　等高线表示的地形图
（a）山头地貌的等高线；（b）洼地地貌的等高线

是水准面与地表面的交线，而在一个水准面上的高程是一样的。但是不能得出结论说：凡高程相等的点一定在同一条等高线上。当水准面和两个山头相交时，会得出同样高程的两条等高线，如图 6-5 所示。

　　B.等高线是闭合的曲线。一个无限伸展的水准面和地表面相交，构成的交线是一个闭合曲线，所以某一高程线必然是一条闭合曲线。

　　C.不同高程的等高线一般不能相交。但是一些特殊地貌，如峭壁、陡坎的等高线就会重叠在一起，这些地貌必须加用峭壁、陡坎符号表示，如图 6-6 所示。通过悬崖的等高线可能相交，如图 6-6（c）所示。

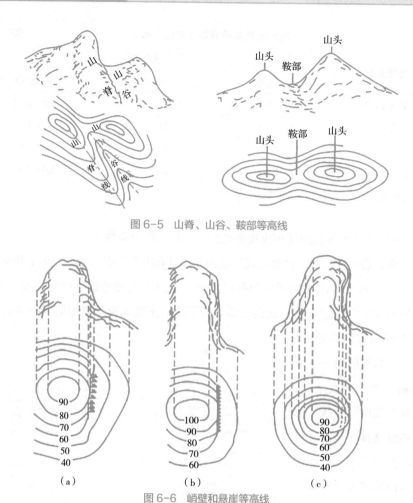

图 6-5 山脊、山谷、鞍部等高线

图 6-6 峭壁和悬崖等高线

D. 等高线和分水线（山脊线）、合水线（山谷线）正交。由于等高线在水平方向上始终沿着同高的地面延伸着，因此等高线在经过山脊或山谷时，几何对称地在另一山坡上延伸，这样就形成了等高线与山脊或山谷线在相交处成正交，如图 6-5 所示。

E. 两等高线间的水平距离称为平距，等高线间平距的大小与地面坡度的大小成反比。在同一等高距的情况下，地面坡度越小，等高线在图上的平距越大；反之，地面坡度越大，则等高线在图上的平距越小。换句话说，坡度陡的地方，等高线就密；坡度缓的地方，等高线就疏。

F. 高程相等的两条等高线间不能单独存在一条不闭合的等高线。

G. 鞍部等高线必是对称的不同高程的双曲线。

（4）地形图分幅与编号

为了便于测绘、使用和保管地形图，需要将大面积的地形图进行分幅，并将分幅的地形图进行系统编号，因此需要研究地形图的分幅和编号问题。

地形图的分幅可分为两大类：一类是按经纬线分幅的梯形分幅法，另一类是按坐标格网划分的矩形分幅法。因为大比例尺地形图不少是小面积地区的工程设计施工用图，在分幅编号问题上，要本着从实际出发，根据用图单位的要求和意见，结合作业的方便灵活处理，以便于测图、用图、管图。

2. 大比例尺地形图地面数字测图

6-2　数字测图

数字测图包括地面数字测图、地图数字化和数字摄影测量等方法。本书仅简要介绍地面数字测图的方法。地面数字测图是利用全站仪或其他测量仪器在野外进行数字化地形数据采集，在成图软件的支持下，通过计算机加工处理，获得数字地形图的方法。其成果可供计算机处理、远距离传输、多方共享的以数字形式储存在计算机存储介质上的数字地形图，也可通过数控绘图仪打印的地形图图纸，数字地形信息是建立地理信息系统的基础信息。当前，地面数字测图已成为获取大比例尺数字地形图、各类地理信息系统以及空间数据更新的主要方法。大比例尺测图除测绘地形图外，还有地籍图、房产图和地下管线图等，它们基本测绘方法是相同的，并具有本地统一的平面坐标系统、高程系统和图幅分幅方法。

测图时首先进行图根控制测量，按规范《1∶500　1∶1000　1∶2000外业数字测图规程》GB/T 14912，图根控制测量应在各等级控制点下进行，各等级平面控制测量的最弱点相对于起算点点位中误差不应大于5cm，各等级高程控制测量的最弱点相对于起算点的高程中误差不应大于2cm。图根点相对于起算点的点位中误差，按测图比例尺1∶500不应大于5cm，1∶1000、1∶2000不应大于10cm，高程中中误差不应大于测图基本等高距的1/10。图根平面控制点的布设可采用导线、极坐标法（引点法）及交会法和GPS RTK等方法；图根高程控制测量可采用GPS RTK、水准测量和三角高程测量等方法；加密图根点宜采用复合导线；大比例尺测图野外数据采集按碎部点测量方法，其模式可分为全站仪测量方法和GPS RTK测量方法。

全站仪测量方法应用广泛，有较高的精度。若观测条件允许，也可采用GPS RTK测定碎部点，将直接得到碎部点的坐标和高程。将野外采集的碎部点信息导入专业数字绘图软件，如CASS9.2等，经过内业绘图处理，并输入与绘图有关的其他信息，生成图形文件。利用全站仪能同时测定距离、角度、高差，提供待测点三维坐标，将仪器野外采集的数据结合计算机、绘图仪，以及相应软件，就可以实现自动化测图。

结合不同的电子设备，全站仪数字化测图主要有如图6-7所示的三种模式：

（1）结合电子平板模式。该模式是以便携式电脑作为电子平板，通过通信线直接与全站仪通信、记录数据，实时成图。因此，它具有图形直观、准确性强、操作简单

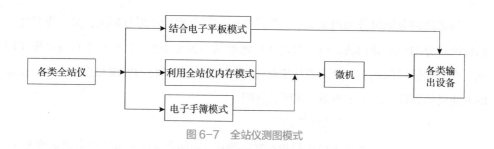

图 6-7　全站仪测图模式

等优点，即使在地形复杂地区，也可现场测绘成图，避免野外绘制草图。目前这种模式的开发与研究相对比较完善，由于便携式电脑性能和测绘人员综合素质不断提高，因此它符合今后的发展趋势。

（2）利用全站仪内存模式。该模式使用全站仪内存或自带记忆卡，将野外测得的数据，通过一定的编码方式直接记录，同时野外现场绘制复杂地形草图，供室内成图时参考对照。此模式操作过程简单，无需附带其他电子设备；直接存储野外观测数据，纠错能力强，可进行内业纠错处理。随着全站仪存储能力的不断增强，此方法进行小面积地形测量时，具有一定的灵活性。

（3）电子手簿（或高性能掌上电脑）模式。该模式通过通信线将全站仪与电子手簿或掌上电脑相连，把测量数据记录在电子手簿或便携式电脑上，同时可以进行一些简单的属性操作，并绘制现场草图。内业时把数据传输到计算机中，进行成图处理。它携带方便，掌上电脑采用图形界面交互系统，可以对测量数据进行简单的编辑，减少了内业工作量。随着掌上电脑处理能力的不断增强，科技人员正进行针对全站仪的掌上电脑二次开发工作，此方法将在实践中进一步完善。

用全站仪测绘地形图外业操作：将全站仪安置在测站点上，图板放在测站旁。安置好全站仪后，量取仪器高 i，打开全站仪的电源开关，对仪器进行水平度盘定位。分别将棱镜常数及仪器高 i 通过键盘输入仪器，同时也将测站点高程和棱镜高度输入仪器，然后瞄准后视点并使水平度盘读数为 $0°0'00''$，作为测站定位的起始方向。在欲测的碎部点上立棱镜，用仪器瞄准棱镜，在显示屏上读取水平角、水平距离和碎部点的高程。

实训 6-1　大比例尺地形图数字测图

1. 实训目的

（1）熟练掌握全站仪碎部点数据采集的基本功能。

（2）了解数字测图控制测量的技术要求。

（3）掌握大比例尺数字测图的方法。

（4）掌握 CASS 等成图软件的使用。

2. 实训器材

室外集中实训 25~36 学时。

全站仪 1 台、备用电池 1 块、三脚架、棱镜及杆 2 套、钢卷尺、草图用纸若干、铅笔、计算器、装有绘图软件的笔记本电脑等。

3. 实训内容

实训内容：以小组为单位，每组 4~5 人，实训过程轮换，每人均完成经纬仪操作、读数、记录、计算、绘图和跑尺等工作。

（1）图根平面控制测量

在教师指导下，在实训场地利用全站仪完成图根平面控制测量，采用导线的形式。光电测距导线技术要求如下。

1）若测区内无高级导线点可建立假定坐标系统，熟悉实训场地现状，选择合适的导线类型，一般为闭合导线或附合导线。

2）踏勘选点，建立标志，做好点之记。

3）局部通视困难地区可采用光电测距极坐标法和交会定点的方法加密图根控制点。

4）图根点密度应根据规范要求，符合表 6-4。

5）图根光电测距导线满足规范要求。

（2）图根高程控制测量

1）图根控制点的高程可采用图根光电三角高程或图根水准的方法测得，此实训采用图根光电三角高程，外业工作可与平面控制外业同时完成。

2）根据《工程测量标准》GB 50026，图根光电测距三角高程测量应满足表 6-5 的要求。

数字测图图根点的密度要求　　　　　　　　　　　　　　　表6-4

测图比例尺	1：500	1：1000	1：2000
图根点数（km²）	64	16	4

图根光电测距三角高程测量的技术要求　　　　　　　　表6-5

每千米高差全中误差（mm）	附合路线长度（km）	仪器精度等级	中丝法测回数	指标差较差（″）	竖直角较差（″）	对向观测高差较差（mm）	附合路线或环线闭合差（mm）
20	≤ 5	6″ 级仪器	2	25	25	≤ 80 $\sqrt{D}$	≤ ±40 $\sqrt{\sum D}$

注：D 为测距边边长（km）。

（3）外业数据采集

1）数据采集的准备工作。首先将控制点数据整理为 *.dat 文件，传入全站仪内存中或直接录入。其次对仪器参数设置及对内存文件整理。在使用仪器前要对温度、气压、棱镜常数、测距模式、测距次数等参数进行检查、设置。如果内存不足，无用文件可删除。

2）碎部点采集步骤和要求。野外数据采集主要包括安置仪器、测站设置、后视点设置、定向、碎部点测量几步。

①安置仪器：当仪器对中、整平后量取仪器高至毫米位。打开电源，转动望远镜，使仪器进入观测状态，再按"Menu"键，进入主菜单。

②测站设置：在数据采集菜单下根据全站仪提示输入数据采集文件名。文件名可直接输入也可从仪器内存中调用。测站数据的设置有两种方法：其一是直接由键盘输入坐标；其二是调用内存中的坐标文件。此坐标文件必须在数据采集的准备工作中已经传入或写入内存。

③后视点设置：后视点数据的输入有三种方式。一是调用内存中的已有坐标文件；二是直接输入后视控制点坐标；三是直接输入定向边的方位角。

④定向：当测站和后视方向设置完毕，可根据仪器提示照准后视点棱镜，按测量键后完成定向。

⑤碎部点测量：在数据采集菜单下，选择碎部点采集命令。输入点号、编码、棱镜高等数据。照准目标，按测量键测量，数据被存储。全站仪点号自动增加，进入下一点测量。碎部点测量主要包含地物的测绘和地貌的测绘，地物、地貌的特征点，统称为地形特征点。正确选择地形特征点是碎部测量中十分重要的工作，地物测绘主要是将地物的形状特征点测定下来，例如：地物的转折点、交叉点、曲线上的弯曲交换点、独立地物的中心点等，便得到与实地相似的地物形状。在大、中比例尺地形图中是以等高线来表示地貌的。测绘等高线与测绘地物一样，首先需要确定地形特征点，然后连接地性线，便得到地貌整个骨干的基本轮廓，按等高线的性质，再对照实地情况就能描绘出等高线。

⑥在地物、地貌的测绘过程中，应按照现行国家标准《国家基本比例尺地图图式 1：500 1：1000 1：2000 地形图图式》GB/T 20257.1 执行，同时还应符合以下规定：

居民地的各类建筑物和构筑物及其主要附属设施应准确测绘其外围轮廓，房屋以墙基外角为准测绘，并注记楼房名称、房屋结构和楼房层数。依比例垣栅应准确测出基础轮廓并用相应符号表示。不依比例的垣栅测出其定位点后配以对应符号依次连接。公路与其他双线道路在所测地形图上均应按实宽依比例表示，所测地形图上每隔 15~20cm 标注公路等级代码。公路、街道按其铺面材料不同应分类以混凝土（水泥）、沥（沥青）、砾（砾石）、碴（碎石）、土（土路）等注记于图中。永久性电力线、通信线均应准确表示，电杆、电线架、铁塔位置需实测。城市建筑区内电力线、通信线可不连线，但应在杆架处绘出连线方向。地面和架空的管线分别用相应的符号表示，并注记类别。地下管线根据用途需要决定表示与否，检修井应测绘表示。管道附属设施均应实测表示。河流在图上宽度小于0.5mm的、沟渠小于1mm的用单线表示。河流交叉处、泉、井等要测注高程，瀑布、跌水测注比高。自然地貌用等高线表示，崩塌残蚀地貌、坡、坎和其他特殊地貌用相应符号和等高线配合表示。居民地可不绘等高线，但应在坡度变化处标注高程。对耕地、园地应实测范围，配以对应符号。田埂、宽度在图上大于1mm应用双线表示，小于1mm用单线表示。耕地、园地、林地、草地、田埂均需测注高程。

（4）内业绘图与要求

1）数据传输：通过数据通信完成全站仪和计算机之间的数据相互传输。注意相关参数设置应一致。

2）此次实训主要采用草图法模式，其主要内容包括：定显示区、选择测点点号定位成图法、依据草图绘制平面图、地物编辑、绘制等高线、地形图的分幅与整饰、地形图输出、数字地形图的编辑要求。

内业绘图时注意如下要素：

①街区与道路的衔接处，应留0.2mm间隔；建筑在陡坎和斜坡上的建筑物按实际位置绘出，陡坎无法准确绘出时，可移位表示，并留0.2mm间隔。

②两点状地物相距很近时，可将突出、重点地物准确表示，另一个移位表示。点状地物与房屋、道路、水系等其他地物重合时，可中断其他地物符号，间隔0.2mm完整表示独立符号。双线道路与房屋、围墙等高出地面的建筑物边线重合时，可用建筑物边线代替道路边线。道路边线与建筑物接头处应间隔0.2mm。河流遇到桥梁、水坝、水闸等应断开。水涯线与陡坎重合时可用陡坎边线代替水涯线。水涯线与斜坡脚重合时应在坡脚重合时，仍应在坡脚将水涯线绘出。

③等高线遇到房屋及其他建筑物、双向道路、路堤、路堑、坑穴、陡坎、斜坡、湖泊、双线河、双线渠以及注记等均应断开。等高线的坡向不能判断时加注示坡线。

④同一地类范围内的植被，其符号可均匀配置；地类界与地面上有实物的线状符号重合时可省略不绘；与地面上无实物的线状符号重合时，地类界应移位0.2mm。

⑤文字注记字头朝北，道路河流名称可随线状弯曲方向排列，名字底边平行于南、北图廓；注记文字最小间距为0.5mm，最大间距不超过字大的8倍。高程注记一般注于点的右方，离点间隔0.5mm。等高线注记字头应指向山顶和地形特征部分，但字头不应指向图纸的下方，地貌复杂的地方，应注意合理配置，以保持地貌的完整。

4. 实训注意事项

（1）记录、计算成果应符合相关测量规范，了解《1：500　1：1000　1：2000 外业数字测图规程》GB/T 14912。

（2）在实训过程中，要做到步步检核，确保所计算的数据和所测设的点位正确无误。

（3）在测量前做好准备工作，每组全站仪的电池和备用电池应充足电。每天出工和收工，都要注意清点所带仪器设备的数量，并检查设备是否完好无损。

（4）每天收工后传输数据时要注意数据线连接是否正确，有关参数设置是否正确。

（5）外业草图绘制要清晰、信息准确、完全。

5. 实训成果提交和实训效果评价

（1）要求提交的成果：

电子地形图、草图、控制测量成果表及个人日志和报告等。

（2）实训效果评价（表6-6）。

实训效果评价表

表6-6

日期：　　　　　　班级：　　　　　　组别：

实训任务名称		
实训技能目标		
主要仪器及工具		
任务完成情况	是否准时完成任务	
任务完成质量	成果精度是否符合要求，记录是否规范完整	
实训纪律	实训是否按教学要求进行	
存在的主要问题		

任务 6.2　大比例尺地形图的应用

6-3　大比例尺地形图的应用

地形图中有丰富的信息，在地形图上可以获取地貌、地物、居民点、水系、交通、通信、管线、农林等多方面的自然地理和社会政治经济信息，因此，地形图是工程规划、设计的基本资料。在地形图上可以确定点位、点与点间的距离、直线的方向、点的高程和两点间的高差；此外还可以在地形图上勾绘出分水线、集水线，确定某范围的汇水面积，在图上计算土石方量等。道路的设计可在地形图上绘出道路经过处的纵、横断面图。由此可见，地形图应用广泛。

1. 大比例尺地形图的基本应用

（1）确定点的空间坐标。

大比例尺地形图内图廓的四角注有实地坐标值。如图 6-8 所示，欲在地形图上求出 A 点的坐标，可在 A 点所在格网上作平行于格网的平行线 mn、pq，然后按测图比例尺量出 mA 和 pA 的长度，则 A 点的平面坐标为：

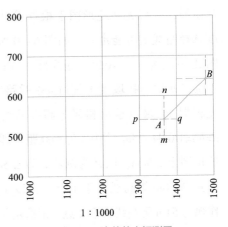

$$\left.\begin{array}{l} X_A = X_0 + mA \\ Y_A = Y_0 + pA \end{array}\right\} \qquad （6-2）$$

式中　X_0、Y_0——A 点所在坐标格网中那一个方格的西南角坐标，如在图 6-8 中 X_0=500m，Y_0=1300m。

图 6-8　点位的坐标测量

如果 A 点恰好位于图上某一条等高线上，则 A 点的高程与该等高线高程相同。如图 6-9 所示，A 点位于两等高线之间，可通过 A 点画一条垂直于相邻等高线的线段 mn，则 A 点的高程为：

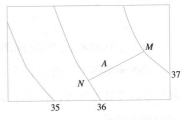

$$H_A = H_m + \frac{mA}{mn} h \qquad （6-3）$$

图 6-9　求图上点的高程

式中　HM——过 m 点的等高线上的高程；h——等高距。由此可见，在地形图上很容易确定 A 点的高程 H_A。

（2）确定直线的距离、方向、坡度。如图 6-8 所示，欲求 A、B 两点的距离，先按上式求出 A、B 两点的坐标，则 A、B 两点的距离为：

$$D_{AB} = \sqrt{(X_B - X_A)^2 + (Y_B - Y_A)^2} \qquad （6-4）$$

A、B 两点直线的方位角为：

$$\alpha_{AB} = \arctan \frac{Y_B - Y_A}{X_B - X_A} \qquad （6-5）$$

A、B 两点直线的坡度为：

$$i = \frac{H_B - H_A}{D_{AB}} \qquad （6-6）$$

式中　H_B、H_A——B 点、A 点的高程；D_{AB}——A、B 两点间的距离。

（3）确定指定坡度的路线。路线在初步设计阶段，一般先在地形图上根据设计要求的坡度选择路线的可能走向，如图 6-10 所示。地形图比例尺为 1∶1000，等高距为 1m，要求从 A 地到 B 地选择坡度不超过 4% 的路线。为此，先根据 4% 坡度求出相邻等高线间的最小平距 $d=h/i=1/0.04=25m$（式中 h 为等高距），即 1∶1000 地形图上 2.5cm，以 A 为圆心，以 2.5cm 为半径作弧与 50m 等高线交于 1 点，再以 1 点为圆心作弧与 51m 等高线交于 2 点，依次定出 3、4、…各点，直到 B 地附近，即得坡度不大于 4% 的路线。在该地形图上，用同样的方法，还可定出另一条路线 A、$1'$、$2'$、…、$8'$，可以作为比较方案。

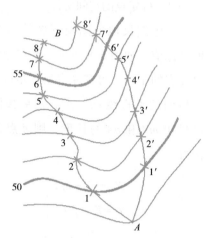

图 6-10　确定指定坡度路线

2. 地形图的工程应用

（1）绘制确定方向的断面图

根据地形图可以绘制沿任一方向的断面网。这种图能直观显示某一方向线的地势起伏形态和坡度陡缓，它在许多地面工程设计与施工中，都是重要的资料，绘制断面图的方法如下。

1）规定断面网画图的水平比例尺和垂直比例尺。通常水平比例尺与地形图比例尺一致，而垂直比例尺需要扩大，一般要比水平比例尺扩大 5~20 倍，因为在多数情况下，地面高差大小相对于断面长度来说，还是微小的，为了更好地显示沿线的地形起伏，水平比例尺 1∶50000，垂直比例尺 1∶5000，如图 6-11 所示。

2）按图 6-11 AB 线的长度绘一条水平线，如图中的 ab 线，作为基线（因断面网与地形图水平比例尺相同，所以 ab 线长度等于 AB），并确定基线所代表的高程，基线高程一般略低于图上最低高程。如图中河流最低处高程约 110m，基线高程定为 110m。

3）作基线的水平线，平行线的间隔，按垂直比例尺和等高距计算。如图 6-11，等高距 10m，垂直比例尺 1∶5000，则平行线间隔为 2mm，并在平行线一边注明其所代表的高程，如 110m、120m、130m 等。

4）在地形图上量取 A 点至各交点及地形特征点 c、d、e 的水平距离，并按作图比例尺把它们标注在横轴上，通过这些点作基线的垂线，垂线的端点按各点的高程决

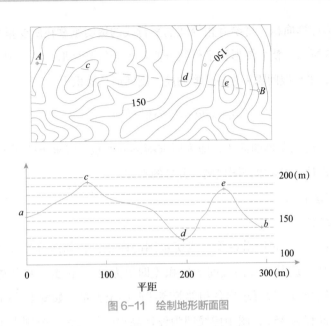

图 6-11　绘制地形断面图

定。如地形图上 d 点的高程为 126m，则断面图上过的点的垂线端点在代表 126m 的平行线上。

5）将各垂线的端点连接起来，即得到表示实地断面方向的断面图。

绘制断面图时，若使用毫米方格纸，则更方便。

（2）确定汇水面积

当道路跨越河流或沟谷时，需要修建桥梁和涵洞。桥梁或涵洞的孔径大小，取决于河流或沟谷的水流量，水的流量大小取决于汇水面积的大小。汇水面积是指汇集某一区域内水流量的面积。汇水面积可由地形图上山脊线的界线求得，用虚线连的山脊线所包围的面积，就是过桥（或涵）M 断面的汇水面积（图 6-12）。

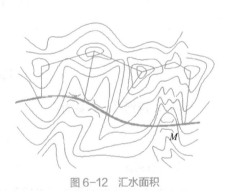

图 6-12　汇水面积

（3）几何图形面积量算

在设计施工中经常会碰到平面图形面积测量和计算问题。计算实地面积，固然可以进行实测，但在地形图上量算则更为经济简便。若地形图为计算机存储的数字电子地图，则可应用 AutoCAD 等软件进行面积量算，非常方便。若为纸质图纸的地形图，可按下面方法计量。

1）方格法计算面积。在大比例尺地形图上绘制有公里网格，可按图形占据的方格数计算面积。

2）按梯形计算面积。将绘有相等间隔平行线的透明纸蒙在所要量算面积的图形上，如图 6-13 所示。整个图形被平行线分割成若干等高梯形，每一梯形内的虚线是梯形的中线长，平行线间隔 k 为各梯形的高，则梯形总面积为：

$$S_1 = (ab+cd+ef+gh+Rl) \cdot k \tag{6-7}$$

再加上两端的三角形的面积，即为所求图形的面积。将求出的图上梯形总面积，换算为实地面积时，需乘以该图比例尺分母的平方。

3. 土石方量估算

（1）等高线法

如图 6-14 所示，先量出各等高线所包围的面积，相邻两等高线包围的面积平均值乘以等高距，就是两等高线间的体积（即土方量）。因此，可从施工场地的设计高程的等高线开始，逐层求出各相邻等高线间的土方量。如图中等高距为 2m，施工场地的设计高程为 35m，图中虚线即为设计高程的等高线。分别求出 35m、36m、38m、40m、42m 五条等高线所围成的面积 A_{35}、A_{36}、A_{38}、A_{40}、A_{42}，则每一层的土方量为：

$$V_1 = \frac{1}{2}(A_{35}+A_{36}) \times 1$$

$$V_2 = \frac{1}{2}(A_{36}+A_{38}) \times 1$$

$$\cdots\cdots$$

$$V_5 = \frac{1}{3}A_{42} \times 0.8$$

最后，得到总土方量为：

$$V = V_1+V_2+V_3+V_4+V_5 \tag{6-8}$$

（2）断面法

在地形起伏较大的地区，可用断面法来估算土方。这种方法是在施工场地的范围内，以一定的间隔绘出断面网，求出各断面由设计高程线与地面线围成的填、挖面积，然后计算相邻断面间的土方量，最后求和即为总土方量。

如图 6-15 所示为 1：1000 地形图，等高距为 1m，施工场地设计标高为 32m，先在上绘出互相平行的、间距为 1 的断面方向线 1-1、2-2、…、5-5，绘出相应的断面图，分别求出各断面的设计高程与地面线包围的填、挖方面积 A_T、A_W，然后计算相邻两断面间的填挖方量。图中 1-1 和 2-2 断面间的填、挖方量为：

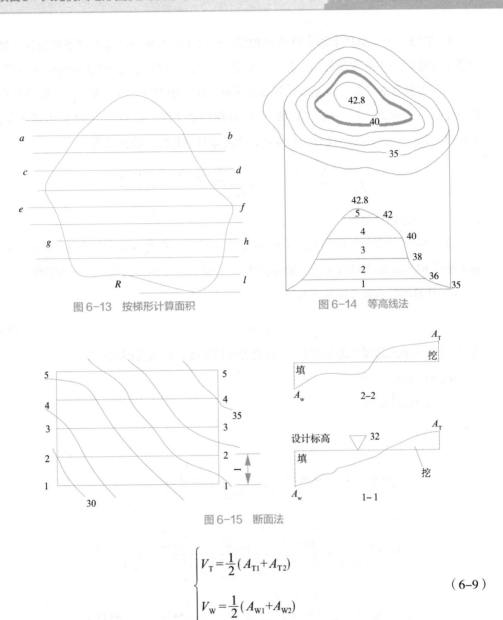

图 6-13　按梯形计算面积　　　　　图 6-14　等高线法

图 6-15　断面法

$$\begin{cases} V_{\text{T}} = \dfrac{1}{2}(A_{\text{T1}} + A_{\text{T2}}) \\ V_{\text{W}} = \dfrac{1}{2}(A_{\text{W1}} + A_{\text{W2}}) \end{cases} \quad\quad （6-9）$$

同理计算其他断面间的土方量，最后将所有的填方量累加，所有的挖方量累加，便得总的土方量。

（3）方格网法

该法用于地形起伏不大，且地面坡度有规律的地方。施工场地的范围较大，可用这种方法估算土方量，其步骤如下：

1）打方格。在拟施工的范围内打上方格，方格边长取决于地形变化的大小和要求估量土方量的精度，一般取 10m×10m、20m×20m、50m×50m 等。

2）根据等高线确定各方格顶点的高程，并注记在各顶点的上方。

3）把每一个方格四个顶点的高程相加，除以4得到每一个方格的平均高程，再把各个方格的平均高程加起来，除以方格数，即得设计高程，这样求得的设计高程，可使填挖方量基本平衡。由上述计算过程不难看出，角点 A_1、A_4、B_5、E_1、E_5 的高程用到 1 次，边点 B_1、C_1、D_1、E_2、E_4 等的高程用到 2 次，拐点 B_4 的高程用到 3 次，中点 B_2、B_3、C_2、C_3 等的高程用到 4 次，因此设计高程的计算公式为：

$$H_{设}= \frac{\sum H_{角} \times 1 + \sum H_{边} \times 2 + \sum H_{拐} \times 3 + \sum H_{中} \times 4}{4n} \qquad (6\text{-}10)$$

式中　n——方格总个数。

将图 6-16 的高程数据代入式（6-10），求出设计高程为 64.84m，在地形图中按内插法绘出 64.84m 的等高线（图中的粗实线），它就是填挖的分界线，又称为零线。

4）计算填挖高度（即施工高度）。

$$h=H_{地}-H_{设} \qquad (6\text{-}11)$$

式中　h——填挖高度（施工高度），正数为开挖深度，负数为回填高度；

　　　$H_{地}$——地面高程；

　　　$H_{设}$——设计高程。

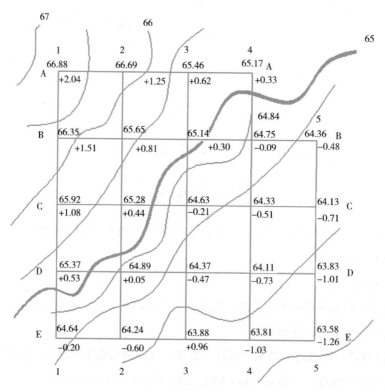

图 6-16　方格网法

5）计算填挖方量（图6-17）。填挖方量要按下式分别计算，根据方格四个角点的填挖高度符号的不同，可选择以下四种情况之一，计算各方格的填挖方量。

①四个角点均为挖方或填方：

$$V = \frac{h_a + h_b + h_c + h_d}{4} \times A \tag{6-12}$$

②相邻两个角点为填方，另外两个角点为挖方：

$$\begin{cases} V_W = \dfrac{(h_a + h_c)^2}{4(h_a + h_b + h_c + h_d)} \times A \\[3mm] V_T = \dfrac{(h_b + h_d)^2}{4(h_a + h_b + h_c + h_d)} \times A \end{cases} \tag{6-13}$$

③三个角点为挖方，一个角点为填方：

$$\begin{cases} V_W = \dfrac{2h_b + 2h_c + h_d - h_a}{6} \times A \\[3mm] V_T = \dfrac{h_a^3}{6(h_a + h_b)(h_a + h_c)} \times A \end{cases} \tag{6-14}$$

如果三个角点为填方，一个角点为挖方，则上下两个公式等号右边算式对调。

④相对两个角点为连通的填方，另外相对两个角点为独立挖方：

$$\begin{cases} V_T = \dfrac{2h_a + 2h_d - h_b - h_c}{6} \times A \\[3mm] V_W - \left(\dfrac{h_b^3}{(h_a + h_b)(h_b + h_d)} + \dfrac{h_c^3}{(h_a + h_c)(h_d + h_c)} \right) \times \dfrac{A}{6} \end{cases} \tag{6-15}$$

如果相对两个角点为连通的挖方，另外相对两个角点为独立填方，则上下两个公式等号右边算式对调。

最后将所有的填、挖方量各自相加，即得总的填挖方量，两者应基本相等。

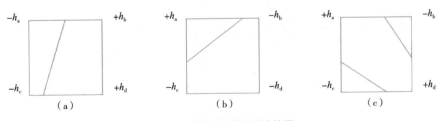

图6-17　方格填挖方量计算图

实训 6-2 地形图识读

1. 实训目的

了解工程建设中地形图识读与应用的内容。

2. 实训器具

精选地形图截图（图 6-18）、A3 纸若干、笔、橡皮、计算纸张等。

3. 实训内容

条件允许可对照实地识读地形图，也可精选地形图截图，学会读懂、看懂地形图的内容。

4. 实训注意事项

本实训为室内绘制和计算，应注意保管原始资料。

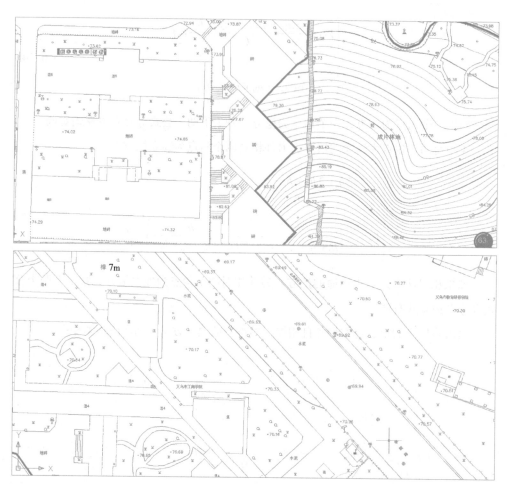

图 6-18 地形图截图

5. 实训成果提交和效果评价

（1）学生完成实训后需提交的成果：个人日志和报告等。

（2）实训效果评价（表6-7）

实训效果评价表

表6-7

日期：　　　　　　班级：　　　　　　组别：

实训任务名称		
实训技能目标		
主要仪器及工具		
任务完成情况	是否准时完成任务	
任务完成质量	成果精度是否符合要求，记录是否规范完整	
实训纪律	实训是否按教学要求进行	
存在的主要问题		

实训 6-3　场地平整

1. 实训目的

（1）学会场地平整中填挖分界线计算方法。

（2）掌握方格网法土石方量计算方法。

2. 实训器具

水准仪（或全站仪、棱镜）、至少2根测绳、水准尺、白灰、笔、橡皮、计算纸张等。

3. 实训内容

步骤如下：

（1）场地现场打方格网点，绘制方格网示意图，方格边长取决于地形变化和要求估量土方量的精度，一般取 10m×10m、20m×20m、50m×50m 等，本例可选 10m×10m，拉测绳，用白灰撒出各格网点位置。

（2）用水准仪、水准尺（也可全站仪加棱镜）实地测量各方格顶点的高程。绘制方格网草图，并将测得的高程注记在各顶点的上方。

（3）将每一个方格4个顶点的高程相加，除以4得到每一个方格的平均高程，再将各个方格的平均高程相加，除以方格数，这样求得的设计高程，可使填挖方量基本平衡。由上述计算过程不难看出，角点 A_1、A_4、B_5、E_1、E_5 的高程用到 1 次，边点 B_1、C_1、D_1、E_2、E_4 等的高程用到 2 次，拐点 B_4 的高程用到 3 次，中点 B_2、B_3、C_2、C_3 等的高程用到 4 次，因此设计高程的计算公式为：

$$H_{设}=\frac{\sum H_{角}\times1+\sum H_{边}\times2+\sum H_{拐}\times3+\sum H_{中}\times4}{4n}$$

式中　n——方格总个数。

将各高程数据代入公式，求出设计高程，在草图中按内插法绘出设计高程的等高线，即是填挖的分界线，又称为零线。

（4）计算填挖高度（即施工高度）。

$$h=H_{地}-H_{设}$$

（5）计算填挖方量。填挖方量要按下式分别计算，最后将所有的填、挖方量各自相加，即得总的填挖方量，两者应基本相等。

4. 实训注意事项

（1）室外实测各网点高程，注意保管原始记录资料，各点高程及时记入方格网草图。

（2）实训前应做好相应准备工作，提前学习方格网法计算土石方量的计算内容。

5. 实训成果提交和效果评价

（1）学生完成实训后需提交的成果：

各方格网点高程原始记录、土石方量计算书及个人日志和报告等。

（2）实训效果评价（表6-8）。

实训效果评价表　　　　　　　　　　　　表6-8

日期：　　　　　班级：　　　　　组别：

实训任务名称		
实训技能目标		
主要仪器及工具		
任务完成情况	是否准时完成任务	
任务完成质量	成果精度是否符合要求，记录是否规范完整	
实训纪律	实训是否按教学要求进行	
存在的主要问题		

课后习题

1.填空题

（1）地形图图式中的符号有三种：_____、_____、_____，它们是测绘图和用图的重要依据。

（2）等高线的种类有_____、_____、_____三种。

（3）地形图比例尺可分为_____比例尺和_____比例尺。

（4）碎部点坐标测量测量常用的方法有_____、_____、距离交会法，直角坐标法等。

（5）地形图的分幅可分为两大类，一种是按_____划分的梯形分幅法，一种是按坐标格网划分的_____。

（6）地物符号可分为依比例符号、_____符号和_____符号。

（7）图上等高线越密，说明该处地势越_____，等高线越稀则该处地势越_____。

（8）土石方估算中常用的方法有_____法、_____法和_____法。

2.选择题

（1）1：5000地形图的比例尺精度是（　　　）。

A.5m　　　　　　　　B.0.1mm　　　　　　　　C.5cm　　　　　　　　D.50cm

（2）下列关于等高线的叙述错误的是（　　　）。

A.高程相等的点在同一高程的等高线上

B.等高线必定是闭合曲线，即使本幅图没闭合，则在相邻的图幅闭合

C.等高线任何情况下都不会分叉、相交或合并

D.等高线经过山脊与山谷线正交

（3）下图为某地形图的一部分，三条等高线所表示的高程如图6-19所示，A点位于MN的连线上，点A到点M和点N的图上水平距离为$MA=3$mm，$NA=2$mm，则A点高程为（　　　）。

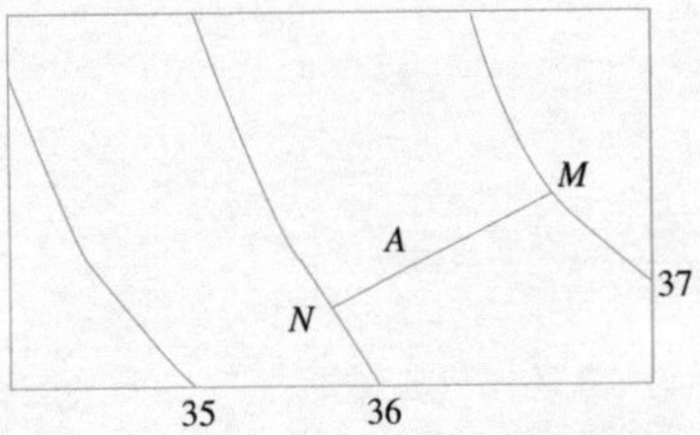

A.36.4m　　　　　　　　B.36.6m

C.37.4m　　　　　　　　D.37.6m

图6-19

（4）下面选项中不属于地性线的是（　　　）。

A.山脊线　　　　　　B.山谷线　　　　　　C.山脚线　　　　　　D.等高线

（5）在 1：1000 的地形图上，AB 两点间的高差为 3m，距离为 0.10m；则地面上两点连线的坡度为（　　）。

　　A．1%　　　　　　B．2%　　　　　　C．3%　　　　　　D．4%

（6）一张地形图上，等高线平距越大，说明（　　）。

　　A．等高距越大　　　　　　　　　　B．地面坡度越陡

　　C．等高距越小　　　　　　　　　　D．地面坡度越缓

（7）对于等高线而言，下面哪种说法是错误的（　　）。

　　A．同一等高线上的点的高程相等　　B．等高线一定是闭合的连续曲线

　　C．等高线在任何地方都不会相交　　D．等高线与山脊线、山谷线正交

（8）道路纵断面图的高程比例尺通常比水平距离比例尺（　　）。

　　A．小 1 倍　　　　B．小 10 倍　　　　C．大 1 倍　　　　D．大 10 倍

（9）相邻两条等高线之间的高差，称为（　　）。

　　A．等高线平距　　　　　　　　　　B．等高线高程

　　C．等高距　　　　　　　　　　　　D．等高线间隔

（10）我国基本比例尺地形图采用（　　）分幅方法。

　　A．矩形　　　　　　B．正方形　　　　　C．梯形　　　　　　D．圆形

3. 问答题

（1）什么是比例尺？什么是比例尺精度？常用的比例尺有哪几种？

（2）什么是地物符号？地物符号有哪几种？试举例说明。

（3）试求 AC、BC 的连线坡度 i_{AC}、i_{BC}，沿 AB 方向绘制纵断面图（图 6-20）。

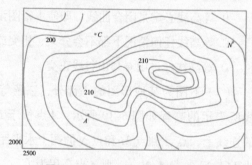

图 6-20　1：5000 比例尺地形图

参考文献

[1] 李章树，刘蒙蒙，赵立. 工程测量学 [M]. 北京：化学工业出版社，2019.

[2] 张超群. 建筑工程测量 [M]. 哈尔滨：哈尔滨工业大学出版社，2016.

[3] 张敬伟，马华宇. 建筑工程测量 [M]. 第 3 版. 北京：北京大学出版社，2018.

[4] 程效军. 测量学 [M]. 上海：同济大学出版社，2016.

[5] 石长宏. 工程测量 [M]. 第 2 版. 北京：人民交通出版社，2019.

[6] 王天佐. 建筑工程测量 [M]. 北京：清华大学出版社，2020.

[7] 陈永奇. 工程测量学 [M]. 第 4 版. 北京：测绘出版社，2016.

[8] 中国有色金属工业协会. 工程测量标准：GB 50026—2020[S]. 北京：中国计划出版社，2021.

[9] 国家测绘地理信息局测绘标准化研究所等. 1：500 1：1000 1：2000 外业数字测图规程 GB/T 14912—2017[S]. 北京：中国标准出版社，2017.

[10] 国家测绘地理信息局测绘标准化研究所等. 国家基本比例尺地图图式 第一部分 1：500 1：1000 1：2000 地形图图式 GB/T 20257.1—2017[S]. 北京：中国标准出版社，2018.

[11] 国家测绘局标准化研究所等. 国家一、二等水准测量规范 GB/T 12897—2006[S]. 北京：中国标准出版社，2006.

[12] 国家测绘局标准化研究所. 国家三、四等水准测量规范 GB/T 12898—2009[S]. 北京：中国标准出版社，2009.

[13] 国家测绘总局. 全球定位系统（GPS）测量规范 GB/T 18314—2009[S]. 北京：中国标准出版社，2009.